すべての人に やさしいトイレを めざして

「公共交通ターミナルにおける
高齢者・障害者等の
移動円滑化ガイドライン検討委員会」
トイレ研究会報告書

監　　修◎国土交通省総合政策局交通消費者行政課
編著・発行◎交通エコロジー・モビリティ財団

大成出版社

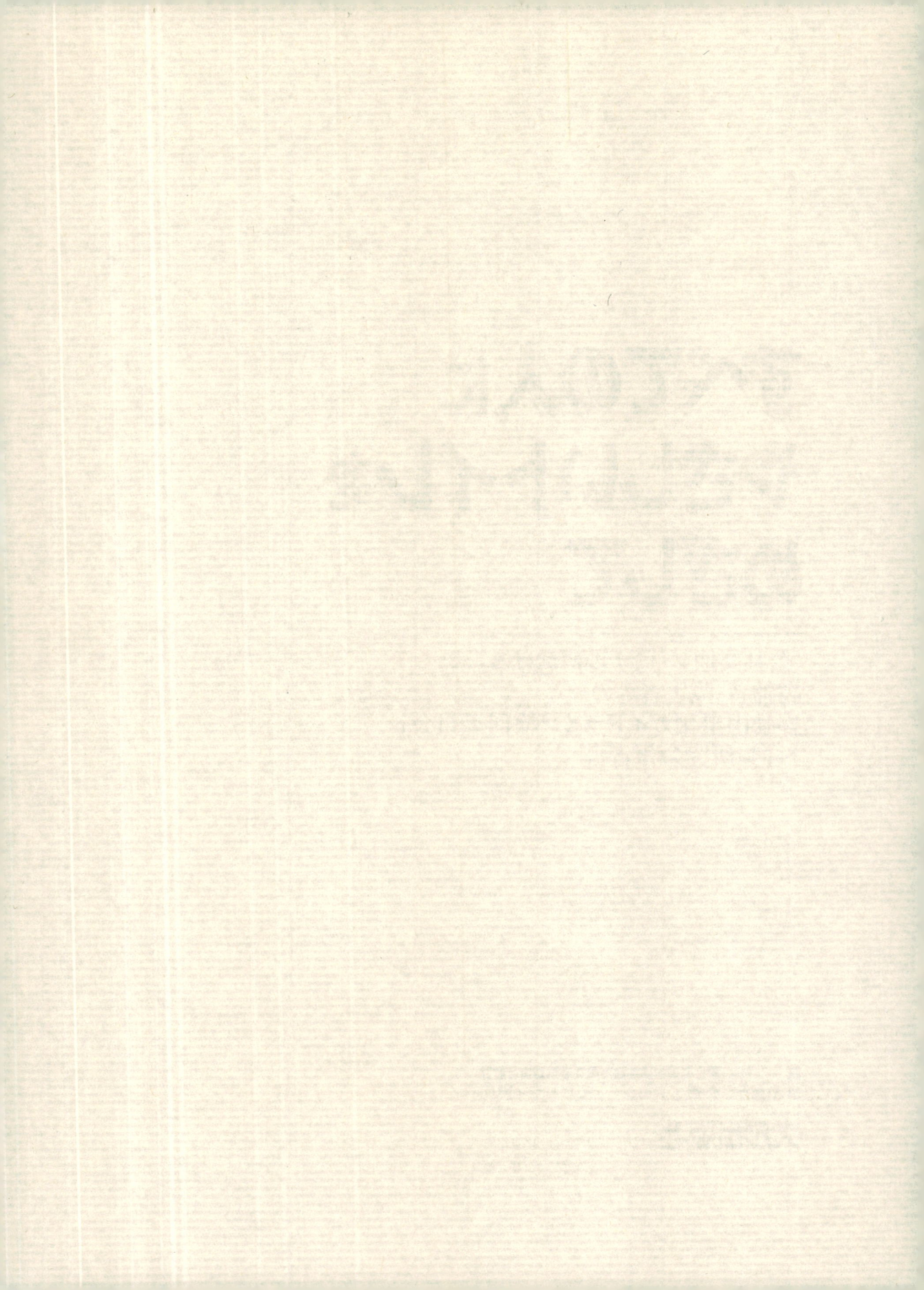

発刊にあたって

　公共施設に設置されるトイレは、高齢者や障害のある方等いわゆる移動制約者にとっては、外出の可否を決めかねないほど重要な意味を持っています。例えば、車いすを使用している人は段差があると中に入ることができず、便房に十分なスペースがないと車いすを回転させることができません。さらに車いすから便器に移乗する際には適切な手すりが必要となります。また、人工肛門、人工膀胱を腹部に造設されている方（本書では普及用語の「オストメイト」を使用）は全国に20万人以上いるといわれていますが、排泄後の便をためておくパウチを洗浄できる設備はほとんど整備されていず、便器にたまった水で洗わざるをえなかったり、場合によって家に一度戻って処理をしてから出直したりしていたのがこれまでの状況だったといえます。

　平成12年5月の交通バリアフリー法の成立、同11月の同法及びそれに基づく移動円滑化基準の施行により、移動制約者が外出するための環境は今後大きく改善していくと思われますが、この審議の過程で、移動制約者にとって非常に重要な意味を持つトイレについても、この機会に十分な議論をしておこうということになりました。これを受けて平成12年11月、公共交通ターミナルにおける具体的な整備のガイドラインを策定する「公共交通ターミナルにおける高齢者・障害者等の移動円滑化ガイドライン検討委員会」の小委員会の下にトイレ専門の分科会（後のトイレ研究会）が運輸省（現国土交通省）によって設置されたのが、そもそもの本プロジェクトの始まりでした。会合はトイレの専門家、身体障害者団体の方、メーカーの方々が集い、常に予定時間をオーバーする白熱した議論が展開されました。一口に身体障害者対応といってもそのニーズは多様であり、事務局を委託された当財団には調整を必要とする項目が山積しているのが常態となっていました。その結果が昨年8月に公表された「公共交通機関旅客施設の移動円滑化整備ガイドライン」に反映され、今後このガイドラインに沿った整備が始まろうとしています。

　本書はこうした経緯を踏まえ、公共トイレの設計に携わる方、整備主体の方等1人でも多くのトイレの関係者に、公共トイレの考え方、問題点について理解していただく目的で、ガイドラインの策定に中心的に関わったトイレ研究会のメンバーの方々に執筆していただき、1冊の本にまとめたものです。編集にあたっては、なるべく最終ガイドラインに至る経緯を知って頂くように、例えば多機能トイレの数、便座の形、高さ等に関して、採用されなかった案についても、その考え方に触れるように配慮致しました。

すべての人にとって必要なトイレは、人数に等しい数のニーズがあり、すべての人に使いやすいトイレを実現することはなかなか容易ではありません。しかしながら、最大公約数で整備を行うとしても、切り捨てたニーズについて常に意を配しながら改善策を追求していく姿勢が望まれるところです。
　そうした意味で、本書がいささかでも今後の使いやすいトイレづくりのお役に立てることがあれば、望外の幸せであります。

交通エコロジー・モビリティ財団

すべての人にやさしいトイレをめざして
－「公共交通ターミナルにおける高齢者・障害者等の
移動円滑化ガイドライン検討委員会」トイレ研究会報告書－

目次

発刊にあたって　　　　　　　　　　　　　　交通エコロジー・モビリティ財団

1．トイレ研究会活動と新整備ガイドライン

「多機能トイレおよびトイレ研究会について」
　　　　　国土交通省総合政策局　交通消費者行政課　課長補佐　太田　秀也……3

「整備ガイドラインとトイレ研究会活動の全容について」
　　　　　交通エコロジー・モビリティ財団　理事　増田　隆……6

「トイレ研究会、ガイドライン委員会での論点について」
　　　　　交通エコロジー・モビリティ財団　バリアフリー推進部　研究員
　　　　　　　　　　　　　　　　　　　　　　藤田　光宏……34

2．整備ガイドラインの評価

「ガイドラインにおける多機能トイレの評価」
　　　　　横浜国立大学工学部建築学科　教授　小滝　一正……47

「男女別の簡易型多機能便房について」
　　　　　一級建築士事務所　アクセス プロジェクト　川内　美彦……53

「車いす使用者の立場としてのトイレ新ガイドラインの評価」
　　　　　全国脊髄損傷者連合会　会長　妻屋　明……58

3．トイレ研究会の成果と今後の課題

「新ガイドラインとオストメイトのQOL向上」
　　　　　㈳日本オストミー協会　会長　稲垣　豪三……67

「障害者参加による議論を通して」
　　　　　日本トイレ協会　事務局長　上　幸雄……70

「トイレメーカーとしてのバリアフリー化への取組み」
　日本トイレ協会会員　東陶機器株式会社　商品企画統括第二グループ　企画主査
　　　　　　　　　　　　　　　　　　　　　阿部えり子……73

4．公共トイレにおけるバリアフリー化の経緯と今後の方向性

「公共トイレのバリアフリー化の流れと今後の方向性」
　　　　　横浜国立大学工学部建築学科　教授　小滝　一正……81

「身体障害者用トイレに求められるもの」
　　　　　　日本トイレ協会会員　東陶機器株式会社　楽＆楽商品企画グループ　課長
　　　　　　　　　　　　　　　　　　　　　　　　　　　田村　房義……85

5．おわりに
　「使用可能なトイレをすべての旅客施設に」
　　　　　　国土交通省総合政策局　交通消費者行政課　交通バリアフリー対策室長
　　　　　　　　　　　　　　　　　　　　　　　　　　　水信　　弘……93

－資料編－
　資料1　検討委員会、小委員会、トイレ研究会委員名簿および開催実績……101
　資料2　トイレ研究会の記録と議事要旨……………………………………104
　資料3　トイレモデルプラン（ガイドラインに対応したトイレの例を示す）…120
　資料4　公共交通機関旅客施設の移動円滑化整備ガイドライン（全文）……126
　資料5　公共交通旅客施設の移動円滑化整備ガイドライン策定
　　　　　時のパブリックコメントの概要（トイレ部分）…………………161
　資料6　移動円滑化のために必要な旅客施設及び車両等の構造
　　　　　及び設備に関する基準……………………………………………165
　資料7　移動円滑化基準策定時のパブリックコメントの概要
　　　　　（トイレ部分）………………………………………………………183
　資料8　高齢者、身体障害者等の公共交通機関を利用した移動
　　　　　の円滑化の促進に関する法律……………………………………185
　資料9　アンケートデータの紹介…………………………………………199
　資料10　トイレ内での行動と配慮ポイント…………………………………205
　資料11　参考事例……………………………………………………………213

1.トイレ研究会活動と
　新整備ガイドライン

多機能トイレおよびトイレ研究会について

国土交通省総合政策局　交通消費者行政課

課長補佐　太田　秀也

●

　今回、「公共交通機関旅客施設の移動円滑化整備ガイドライン」において、「多機能トイレ」という新しいトイレの姿を示すこととなったが、その検討においては、「トイレ研究会」が設置され、活発な議論、検討が行われ、中心的役割を果たした。ここで、委員会の事務局として参加した者の1人として、個人的見解も含め、その経緯及び意義を述べたい。

１．発端

　今回の「多機能トイレ」の検討に着手した直接かつ最大の背景は、オストメイトの方々への対応である。交通バリアフリー法の国会審議においても、その必要性が指摘され、また関係団体からも強い要求があった。このような背景の下で、移動円滑化基準（バリアフリー基準）においてオストメイトを含む身体障害者等に使いやすいトイレとすることが盛り込まれた。しかし、その内容については、オストメイト対応にしても既存の製品はあるものの、家庭用であったり、あるいはシャワー室付きの重装備なものであったりで、公共交通機関の旅客施設向けのトイレについて具体的な検討が必要になった。

２．発足

　そこで、ガイドラインの検討とあわせて、トイレを専門的に検討する委員会を設置することとしたが、現在の障害者トイレは、オストメイト対応になっていないだけでなく、車いす利用者等にも使いやすいものでない点があるという指摘も受け、使いやすいトイレについて広く検討することとした。
　そこで、トイレの専門家、メーカー、さらにオストメイトの方を含む身体障害者団体の方等の参画をお願いし、「トイレ分科会」が設置された（なお、この名称は「トイレ文化会」と誤解される向きもあったので、「トイレ研究会」と呼称することとした）。

> (トイレ研究会の特色)
> 　トイレ研究会については、以下のような点を考慮し、より有意義な結論が得られるようにした。
> - 専門家の提案型・共同作業的な運営とし、新たなトイレ規格の開発をしたこと（事務局が用意した資料をオーソライズするというより、各委員の専門的提案を各委員で議論するという運営をメインとした。また現存の規格をもとに一般的な規格を決めるというのでなく、新たな規格を開発することとした。特に、オストメイト対応トイレについてはメーカーサイド（TOTO）のノウハウの提供が不可欠であった）。
> - 利用者ニーズを優先したこと（ガイドラインの本委員会においては、交通事業者を含む関係者を広く委員としたが、トイレ研究会においては利用者ニーズを最大限取り入れたトイレ案を作成するため、トイレの専門家、メーカー、身体障害者団体の方等で検討した。ただ、トイレ研究会で検討した案については当然、本委員会で議論しフィードバックした）。

　第1回会合の冒頭では、委員それぞれにトイレに対する思い、提言を語っていただいた。委員それぞれの知識、経験での意見が伺え、今後の建設的な議論、検討が期待できた。

3．審議

　トイレ研究会は、案作成までに4回（あとワーキング1回開催したが、研究会と同様のメンバーが参加したため、実質5回）開催され、期待どおり活発な議論、検討がなされた。検討の詳細は別途紹介されるので、ここではポイントを記することとしたい。

①トイレ研究会の成果について
- まず、オストメイト対応トイレの規格が開発されたこと（ガイドラインでは水洗装置、温水設備、汚物入れ等の記述がされた。しかし、実際は、水洗装置の製品開発（試験の上で改良も行っている）を行った。この検討に際しては、広くオストメイト対応トイレが普及することを主眼に、ニーズを精査し、実際的な規格を標準的なものとして採用した）。
- 次に、子連れ対応を積極的に取り入れたこと（おむつ交換シート、ベビーチェア、子供対応の低い小便器や洗面器を位置づけた）。
- さらに、より広く車いす利用者等が利用しやすいトイレとしたこと（車いす利用者の利用の機会を増やすため簡易型多機能便房を位置づけたこ

と。また背もたれを設ける等、より使いやすい設備を位置づけるとともに、器具についてもより使いやすい規格としたこと)。

②トイレ研究会の機能について

2の特色で述べたようなトイレ研究会の機能は、いかんなく発揮された。今後もこのような形での委員会運営も有効と考えられる。特に、メーカーサイドと利用者サイドが同じ場でそれぞれの知識、経験を踏まえた議論を行い、共同作業的に建設的な検討ができたことは有意義であったと考えられる。

ただ、議論の過程で、実際トイレを設置することとなる交通事業者の意向や実情等を把握できた方が有効なことも認識された。交通事業者を加えないで検討したことから、最初から現実的なプランにならず、利用者ニーズを最大限取り入れたトイレ案を作成できたことは成果であったと考えられるが、今後、交通事業者も交えより建設的な検討ができる場の設定も望まれる。

4．終わりに

今回、多機能トイレということで、誰でも利用しやすいトイレの新たな規格が提示され、今後、交通事業者による積極的導入が望まれる。一方、多機能トイレとしたことで、利用層が拡大されることから、トイレ研究会でも議論があったように、その整備数も増加する必要があると考えられる。また、例えば重度障害者のおむつ替え用等の折りたたみベット等様々な機能を追加すると、酔っぱらった人が他の目的に利用してしまうといった問題が生じる可能性があるが、研究会で委員の一人から、身体障害者等の必要性は高く、身体障害者等の責任でない問題で整備できないということは筋違いであるという指摘があったように、利用者一般の理解を深める取組みを行うなど、ニーズを最優先した取組みを関係者で知恵を絞りながら行う姿勢が必要であると考えられる。

このような取組み、姿勢で、さらにニーズを点検しつつ、必要な機能を拡大し、多機能トイレが一層進化していくことが望まれる。

整備ガイドラインと
トイレ研究会活動の全容について

交通エコロジー・モビリティ財団

理事　増田　隆

●

Ⅰ．トイレ研究会の設置と整備ガイドライン策定までの経緯

　平成12年11月22日、「公共交通ターミナルにおける高齢者・障害者等の移動円滑化ガイドライン検討委員会」小委員会の下にトイレ分科会（のちのトイレ研究会）が設置され、その第1回会合が持たれた。

　公共施設に設置されるトイレについては、高齢者・障害者等いわゆる移動制約者にとって外出の可否を決めかねない程の重要な問題であるにもかかわらず、これまで利用者の意見を十分聞いて設計にあたる機会が余り設けられることがなかったといってよい。

　今回、交通バリアフリー法が施行され、新たに施設の整備ガイドラインを策定することとなったが、その過程で従来ほとんど対策が採られてこなかったオストメイトへの対応に議論が及んだのを機に、小委員会の下に利用者参加によるトイレ専門の部会を設け、利用者の声を十分反映させた使いやすいトイレを作ろうというのが会合の趣旨であった。

　第1章では研究会活動の大きな流れと、その中で多くの時間を割いた項目について議論の経緯に触れる。

1．研究会の流れ

　第1回の会合では、現状の問題点と取り組むべき課題の把握を目的に、トイレにかかる移動円滑化基準の紹介に加え、平成6年のガイドラインとそれに対する今回の本・小委員会委員からよせられた意見の紹介を行い、事務局から従来の身体障害用トイレと一般トイレについていくつかの提案を行った。提案内容は、オストメイトへの対応、重度障害者用のおむつ交換シートの設置等に関するものであった。委員からは、オストメイト対応への要請、身体障害者用トイレの概念の明確化と設置数、おむつ交換シートの管理上の問題等についての意見があった。

　第2回は12月14日に開催され、第1回で出た意見、追加意見および12月3

日の小委員会（第2回）での意見をもとに、事務局より初めて新ガイドライン原案としての文章提案を行った。主な内容は、身体障害者用トイレについてはオストメイト対応のほか、トイレの名称（多機能トイレ）、数、折りたたみ式おむつ交換シートの設置、付属設備の数等、一般トイレについてはベビーチェアの設置等に関し、前回ガイドラインより進んだものとなっている。委員からは、トイレの名称、数（男女共用という点）、便器の仕様等についての意見が出たが、方向としては事務局案を支持する意見が多かった。このほか、オストメイト対応の水洗装置について試作品の製作を進めることとなった。また、提出した新ガイドライン原案に関する追加意見を徴し、それを織り込んだ上で1月24日に開催される小委員会（第4回）に臨むことになった。

第3回は年明けの2月13日に開催され、これより先1月24日に開催された小委員会での新ガイドライン原案に対する意見、追加意見およびそれに対する事務局の対応方針案の紹介と、2月27日の小委員会（第5回）に提出する新ガイドライン修正原案についての討議を行った。委員から出た意見としては、おむつ交換シートの扱い、便器の高さ、手すりの寸法等に関するものがあった。また、オストメイト対応水洗装置の試作品が完成し、その実査を行った。

第3回の会合に提出され、そこでの意見、追加意見を踏まえて修正された新ガイドライン原案においては、多機能トイレの数（男女共用1以上で、2カ所の場合右利き、左利きに配慮）、大きさ（200cm×200cmが標準、新設の場合220cm×220cmが標準）、オストメイト対応（水洗装置、フック・荷物置きの設置、表示）、乳児用おむつ交換シートの設置、便器の仕様（高さ40〜45cm）等、また、一般トイレの簡易型多機能便房の設置、ベビーチェアの設置等、主要な点に関してはほぼ最終の整備ガイドラインの内容となっている。

第4回は6月12日に開催され、6月21日の本・小合同委員会に提出する最終の新ガイドライン案についての討議と、第3回会合から第4回会合に至る小委員会およびパブリックコメント（4月9日〜5月8日）の新ガイドライン原案に対する意見とその対応について紹介を行った。また、この間に作成したオストメイト対応を示すピクトグラム（絵文字）について諮った。委員からは、新ガイドライン案およびオストメイト対応のピクトグラムについて基本的に受け入れる意見のほか、簡易型多機能便房の大きさの考え方に関する意見が出た。また、前回から改善されたオストメイト対応水洗装置の試作品について実査を行った。

2．主な項目についての議論の経緯

1）トイレの名称、設置数

　トイレの名称については、第1回会合において従来の身体障害者用トイレにオストメイトに対応した設備が設置される方向が打ち出されたことを機に、トイレの概念を明確にすべきであるとの意見が出、第2回会合において「多機能トイレ」とする旨の提案を行った。ほかでは「優先トイレ」とする意見もあったが、基本的に「多機能トイレ」が支持され、最終案となった。

　多機能トイレの設置数については、従来の身体障害者用トイレの対象を広げることとの関連で議論され、また男女共用を優先するか、男女別を優先するかも併せて何回かにわたって議論された。研究会の結論は、絶対数の不足を早期に解消する意味でも現行のトイレからの改造が比較的容易な簡易型多機能便房を、「男女共用多機能トイレ1以上」に上乗せして男女別に設置する案を最善とするものであった。この案はさらに小委員会において「男女別にそれぞれ多機能トイレを1以上」設置することを優先する意見もあって、最終案に修正された。

2）トイレの大きさ

　多機能トイレの大きさについては、車いすでの円滑な使用を基本的な考え方として検討を行った。当初200cm×200cmを標準とし、より多くの機能を持つトイレをなお望ましいとする案であったが、電動車いすへの対応から220cm×220cmを標準仕様に織り込む方法を模索し、最終案となった。なお、車いすのサイズが多様化している状況に鑑み、数値については「標準的な大きさ」として括弧書き表示とした。

　簡易型多機能便房の大きさについては、最終段階で数値の目安を示すこととなった。当面絶対数の不足を解消する目的で設置するという考え方に立ち、応急措置的な対応として、現行のトイレの改造が比較的容易な大きさと新設等の場合の大きさの2段階に分けた最終案とした。

3）オストメイト対応

　第1回会合において、委員よりオストメイト対応として身体障害者用トイレの中に①パウチの洗浄ができる水洗装置、②フック、物置台、③温水設備を設置するほか、④出入口にオストメイトでも利用できる旨の表示を行って欲しい旨の要請があった。研究会としては温水設備を除いて標準的な仕様として設置するよう取組みを進めることとし、水洗装置については普及を急ぐ意味で、既存の便器に取付け可能なものを標準仕様とする方向で検討した。

第2回会合において、便器に取り付ける水洗装置については、便器を逆向きに使用する下肢障害者等の障害にならないか、実際の製品を通じての検証が必要であるとの意見が出され、メーカー代表の委員において試作品の製作を進めることとなった。

　小委員会に対しては、第3回会合の終了後に試作品の写真を示して具体的な提案を行った。新ガイドライン原案では、便器の項目にオストメイト対応水洗装置を設置することを標準仕様として記述していたが、小委員会の意見は開発中の製品を標準仕様に位置づけることへの懸念、汚物流し（既に製品が存在する）との兼ね合いから、オストメイト対応という項目を新設する方が望ましいというものであり、検討の結果最終案に落ち着いた。なお、水洗装置以外の項目については当初の原案以降基本的に変更はなく、最終案に至っている。

　また、表示方法について研究会では当初文字のみによる表示を考えていたが、小委員会の議論の過程でピクトグラムによる表示が検討され、オストメイト対応のものが新たに作成された。オストメイト対応については既に使用されている記号があったが、最終の研究会において、新たに作成されたピクトグラムを支持する方向が確認された。

　試作品については第3回会合に提示された後、フィールドテストを経て修正が行われ、第4回会合において実用上問題がない旨確認を行っている。

4）便器の仕様

　多機能トイレを腰掛け式とし、一般トイレの大便器の1以上を腰掛け式とすることについては、ほぼ当初から合意された。一般トイレについては、足の弱った高齢者には腰掛け式の需要が強い反面、和式に対する需要も現状では無視できず、最終案が妥当との考え方であった。

　腰掛け式便器の仕様については、背もたれの設置、便器の高さ、便座の形状の3点に関し主に議論された。

　背もたれについては、安定した座位が保てない人のために、当初の新ガイドライン原案の段階から多機能トイレに設置する旨の提案を行ったが、一部に後ろに反れなくなることによる不便を心配する意見があったものの、概ね設置する案が支持された。なお、簡易型多機能便房の便器への設置については「なお望ましい」仕様として触れている。

　便器の高さについては、具体的数値を示した方がいいとの観点から、主に45cm（現状身体障害者用便器の主力）と40cm（同一般トイレ用便器の主力）の長所、欠点を中心に議論を行ったが結論には至らず、地域別のニーズを尊重する意味もあって最終案に落ち着いた。

便座の形状については、前丸型と前割れ型の長所、欠点について議論を行ったが結論に至らず、整備上一方のみになってしまうことを避けるため、ガイドラインとしては言及しないこととした。

小便器については、清掃性から壁掛け式を支持する意見が出され、最終案のようになった。また、小便器のリップ高で3～4歳時対応を考慮したことの関連で洗面器についても高さの低いものの設置に言及した。

5）おむつ交換シートの設置

第1回の会合において、事務局より重度障害者のおむつ交換用に、多機能トイレの中に折りたたみ式のおむつ交換シートを設置する旨の提案を行った。同シートには目的以外の使用という問題があり、その排除方法等課題が多いとの意見もあったが、研究会としては標準仕様として設置する方向で検討を行い、1月24日の小委員会に提出した新ガイドライン原案には標準仕様として織り込んでいる（200cm×200cmの多機能トイレ内にも収納可能であることを確認済み）。おむつ交換用シートには乳児用のものがあり、すでに身体障害者用トイレ等に設置されている例もあるが、研究会としては折りたたみ式のおむつ交換シートで兼ねられるとの考え方であった。

小委員会においては、やはり管理上の理由から設置に消極的な意見が多く、これを受けた第3回の会合において、管理上の問題が解決するまでは乳児用のおむつ交換シートを標準仕様とし、折りたたみ式のおむつ交換シートは「なお望ましい」仕様とする最終案に落ち着いた。

6）カーテンの設置

介助者に対するプライバシーの問題から、研究会において「なお望ましい」仕様としてカーテンの設置にかかる検討を行ったが、管理上の問題を解決することが難しく、設置を見送ることとした。

7）ベビーチェアの設置

一般トイレにおけるベビーチェアの設置については、当初から最終案のような形で設置するのが研究会の考え方であった。

小委員会においては、一部に灰皿代わりに使用されること等を理由に標準仕様とすることに反対の意見もあったが、基本的には本来の必要性から支持する方向であった。

II．整備ガイドラインの逐文解説および前回ガイドラインとの相違点

　第2章では、今回のトイレにかかる整備ガイドラインの逐文に関して解説を行うとともに、平成6年のガイドラインとの個々の相違点について述べる。

1．整備の考え方
1）名称

　従来の「身体障害者用便所」を「多機能トイレ」に改めた。
　近年、身体障害者用のトイレを高齢者、妊婦、乳幼児連れ等の人たちに利用を広げる動きがあるが、研究会では対象を際限なく拡張することには警戒心を持ちつつもこうした動きについては基本的に受け入れるという立場でそれにふさわしい名称を検討した。
　名称の決定方法については、対象者を名称に付する方法のほかに施設の持つ機能を付する方法があるが、研究会としては今回の主要な変更点であるオストメイト対応等機能の充実面を重視して後者を選択した。後者の方法の中にベビーベッドの設置等を意識して「多目的トイレ」としている例もあるが、排泄以外の休憩やその他の行為を連想する懸念があるので「多機能」とした。また、日常的に馴染む呼称との観点から「便所」に代えて「トイレ」を採用した。

2）トイレの位置および構造

　冒頭の部分でトイレの基本的考え方として「利用しやすい場所に配置」し、「すべての利用者がアクセスしやすい構造」とする旨記述している。この背景としては、昨年5月に制定された交通バリアフリー法における移動円滑化の考え方がある。
　交通バリアフリー法と同時に施行された移動円滑化基準には、移動円滑化のための基本的事項として、公共交通ターミナルにおける「移動円滑化された経路」の設定に関する規定がある。また同基準において、トイレを「移動円滑化のための主要な設備」と位置づけている（移動円滑化基準第10条）ことから、その設置場所に関して移動円滑化された経路からのアクセスを確保することが必要となる（移動円滑化された経路とトイレの間の通路については同基準第13条第1項第1号に規定）。次に、その構造については、高齢者、身体障害者等の円滑な利用に適した構造の便房を設けるか、トイレ自体がそうした構造である必要となる（同基準第12条第2項第1、2号に規定）が、

当整備ガイドラインはそれらを反映した表現としている。　　　―右頁参照

3）多機能トイレに関する考え方

次に多機能トイレの考え方について、①位置、②構造、③便器の形状、④床仕上げ、⑤扉、⑥非常用通報装置および⑦オストメイトへの対応に関し記述している。

位置および構造に関しては前述のトイレ全般と同様、移動円滑化基準（第13条第1項第1号および第12条第2項第2号）を踏まえた表現としている。位置については、車いすでのアプローチに加え、視覚障害者の見つけやすさ等も含めて「身体障害者が利用しやすい場所」に設置することとし、また構造については障害者の中でも特に構造上の配慮が必要な「車いす使用者が円滑に利用できるもの」とした上で、障害部位による使用方法の相違への配慮に触れている。

便器の形状、床仕上げ、扉、非常用通報装置については基本的に前回と同様である。オストメイトへの対応については、今回新たに言及したものである。日本に約20万いるといわれているオストメイト（人工肛門、人工膀胱造設者）への対応に関しては、現状公共のトイレにおいてはほとんどなされていない状況であり、移動円滑化基準策定時のパブリックコメント（資料7、183頁参照）においても障害者団体等から強い要望があった。これを受けて移動円滑化基準においても「身体障害者等の円滑な利用に適した構造を有する水洗器具」の設置に言及し（第13条2項4号）、対応を求めている。当整備ガイドラインはこうした動きを背景に、本文中で設置に際しての具体的な仕様等に触れたものである。

なお、これまでオストメイトへの対応については、東京都の福祉まちづくり条例の誘導基準に記載された例がある。

2．トイレ全般

1）「標準仕様」と「なお望ましい仕様」

前回ガイドラインにおいては、「設置する」という表現、「設置することが望ましい」という表現が、文脈の中で混在しているが、当整備ガイドラインにおいては、設置することを標準的と考えるものには○印、設置することをなお望ましいと考えるものには◇印を付し、欄を分けて記述を行った。

2）配置

冒頭に「身体障害者、オストメイト、高齢者、妊婦、乳幼児を連れた者等

■整備の考え方

当整備ガイドライン	前回ガイドライン
トイレは利用しやすい場所に配置し、すべての利用者がアクセスしやすい構造とする。 　多機能トイレは、身体障害者が利用しやすい場所に設置する。また、車いす使用者が円滑に利用できるものとする。また、障害部位により使用方法も異なることから、手すり等も右利き用、左利き用に対応したものを設置することが望ましい。 　車いす使用者にとって、便座の高さが合わない場合や、フットレストが便器にあたり近くに寄れない場合もあることから、便器の形状についての配慮が必要である。 　また、一般トイレと同様であるが、利用者がすべらないよう、清掃後の水はけを良くする配慮が必要である。特に、車いす使用者は、段差があれば利用が困難となることから、アプローチにおける段差の解消が必要である。扉は電動式のものが望ましく、非常には外部から解錠できることが必要である。非常用通報装置の位置については、転落時を考慮しつつ、実際に手の届く範囲に設置する必要がある。 　また、オストメイト（人口肛門、人口膀胱造設者）は、パウチを洗ったり便の漏れを処理したりすることが必要となる場合がある。	一般用旅客便所においても、高齢者、障害者の利用を考慮し、手すりの設置、滑りにくい床仕上げ等を行う必要がある。 　身体障害者用便所は、障害者が利用しやすい場所に設置することが望ましい。また、スペース的な問題もあるが、障害部位により使用方法も異なることから、車いすが十分に内部で回転でき、また、手すり等も右きき用、左きき用を対にした、使用方法に対応したものを設置することが望ましい。 　車いす使用者にとって、便座の高さが合わない場合や、フットレストが便器にあたり近くに寄れない場合もあることから、便器の形状についての配慮が望まれる。 　また、一般旅客便所と同様であるが、利用者がすべらないよう、清掃後の水はけを良くする配慮が必要である。 　特に、車いす使用者は、段差があれば利用が困難となることから、アプローチにおける段差の解消が必要である。扉は電動式のものが望ましく、非常には外部から解錠できることが必要である。非常用通報装置の位置については、転倒時を考慮しつつ、実際に手の届く範囲に設置する必要がある。 　また、各所に誘導のための案内板、シンボルマークなどを設置する。

移動円滑化基準

　第12条の2　便所を設ける場合は、そのうち一以上は、前項に掲げる基準のほか、次に掲げる基準のいずれかに適合するものでなければならない。

　　　一　便所（男子用及び女子用の区別があるときは、それぞれの便所）内に車いす使用者その他の高齢者、身体障害者等の円滑な利用に適した構造を有する便房が設けられていること

　　　二　車いす使用者その他の高齢者、身体障害者等の円滑な利用に適した構造を有する便所であること

　第13条　　前条第2項第1号の便房が設けられた便所は、次に掲げる基準に適合するものでなければならない。

　　　一　移動円滑化された経路と便所の間の経路における通路のうち一以上は、第4条第5項各号に掲げる基準に適合するものであること。

に配慮した」多機能トイレを設置すべき旨の記述がある。対象については、前回は身体障害者用便所の考え方として高齢者、障害者の利用を考慮する旨の記述はあるが、対象は特に明記していない。今回は、妊婦、乳幼児を連れた者を対象とすることを明記したことに加え、身体障害者の中でもオストメイトへの対応に言及した。

次に設置数について「男女共用のものを1以上設置するか男女別にそれぞれ1以上設置する。」と両者を同列に置いた上で「異性による介助を考慮すれば、男女共用のものを1以上設置することがなお望ましい。」としている。これは、前回ガイドラインが「男女別に1カ所設置することが望ましい。ただし、面積等で設置できない場合は、男女共通に使用できる位置に1カ所設置する。」として、男女別にそれぞれ設置することを優先していることからの変更点である。

多機能トイレを2カ所設置する場合に男女別にそれぞれ設置するか、共用のものを2カ所設置するかについては、研究会、小委員会を通じて最後まで議論のあったところである。最終的に、男女別にするケースでは設置場所がそれぞれの最奥部になることが多く、異性介護の問題を解決しにくい点を考慮して本文のように決定した。さらに、共用のものを2か所設置するケースでは、異なる構造(例えば対象形)とすることで右利き、左利きの車いす使用者への配慮が可能となるというのが研究会の結論である。

前回男女別に1カ所(計2カ所)設置することを優先していることをもって、今回設置数の考え方に後退があったのかとの問い合わせもあったが、本文は上記のような経緯で<u>共用</u>という性格に優先度を置いたものであり、「共用1カ所」を「男女別各1カ所」に優先させる趣旨ではない(本文は1<u>以上</u>である)。

なお、当然単独行動や同性介助の身体障害者の中には男女別設置のニーズも強く、このため、今回は男女別に簡易型の多機能便房を設置することが「なお望ましい」として最後にその仕様に触れている。

3)案内表示

新たに、視覚障害者向けに点字による案内板等で男女別および構造を表示すること、またその案内板等の正面に向けて視覚障害者誘導用ブロックで誘導することを記述している。これは前述の「移動円滑化された経路」の考え方に基づいて、移動円滑化基準の中に「移動円滑化のための主要な設備」であるトイレについて、点字による案内板等の設置(基準第12条1項1号)および視覚障害者誘導用ブロックの敷設(基準第8条2項)の規定があることから、これに対応したものである。

－右頁参照

■トイレ全般

	当整備ガイドライン	前回ガイドライン
配　　置	○身体障害者、オストメイト、高齢者、妊婦、乳幼児を連れた者等の使用に配慮した多機能トイレを、身体障害者が利用しやすい場所に男女共用のものを1以上設置するか男女別にそれぞれ1以上設置する。 ◇上記の場合において異性による介助を考慮すれば、男女共用のものを1以上設置することがなお望ましい。 ◇男女共用の多機能トイレを2か所以上設置する場合は、右利き、左利きの車いす使用者の車いすから便器への移乗を考慮したものとするなどの配慮をすることがなお望ましい。 ◇男子用トイレ、女子用トイレのそれぞれに1以上の簡易型多機能便房を設置することがなお望ましい。	身体障害者用便所は、男女別に1カ所設置することが望ましい。ただし、面積等で設置できない場合は男女共通に使用できる位置に1カ所設置する。
案内表示	○出入口付近に男女別表示をわかりやすく表示する。 ○男女別及び構造を、視覚障害者がわかりやすい位置に、点字による案内板等で表示する。 ○視覚障害者誘導用ブロックは、壁面等に設置した点字等による案内板等の正面に誘導する。 ○点字による案内板等は、床から中心までの高さを140cmから150cmとする。	男女別表示、便所への誘導・案内などをわかりやすく表示する。

移動円滑化基準

　　第13条の2　前条第2項第1号の便房は、次に掲げる基準に適合するものでなければならない。

　　　　　　四　高齢者、身体障害者等の円滑な利用に適した構造を有する水洗器具が設けられていること

東京都福祉のまちづくり条例

　　1章　建築物編　8便所（だれでもトイレ）
　　　　誘導基準（望ましい基準）(4)便房内の設備
　　　　　　○　オストメイトにも対応可能なトイレとするため、パウチの便を処理するためのしびん洗浄用水洗付大便器又は汚物流しと、汚した衣服や腹部を洗うための温水が出る多目的流しを設ける。

また、点字による案内板等の高さについては床から中心までを140cmから150cmとすることとしているが、これは視覚障害者にとって案内板等の位置が見つけにくいことに配慮して目安となる数値を記載したものである。高さの決定については、一般的に言われるところの目の高さの150cmを基準に、これより高いと点字を読む角度が難しくなる点を考慮し、やや低い位置の140cmの数値を記載し、この幅で設置することとしたものである。

4）小便器

　「杖使用者等の肢体不自由者等が立位を保持できるように配慮した」手すりを「床置き式又は低リップ（リップ高35cm以下がなお望ましい）の壁掛け式小便器」に設置することとした。前回は手すりについて「胸部でよりかかれるようなもの、または、両側によりかかれるように便器から突き出した手すりの先端の形状にも配慮」と具体的に記述しているが、胸部でよりかかれるものに関しては、設置位置によっては却って立位をとる妨げになったり、放尿の位置が死角に入りやすい等の理由で否定的な意見もあることから、単に「立位を保持できるように」のみの記述とした。

　また、便器の形式については、前回は肢体不自由者等への配慮から「ストール式が望ましい」としているが、壁掛け式でも低リップのものであれば肢体不自由者等の使用に特段の支障はなく、清掃性等を考慮するとむしろ壁掛け式の方が優れている面もあることを考慮して上記のような表現に改めた（ちなみに、移動円滑化基準では「１以上の床置式小便器その他これに類する小便器」としている）。なお、リップ高35cm以下は清掃性を考慮すると最低の高さであり、これにより３〜４歳児の使用にも対応している。

　また、上記小便器を設置する位置については、トイレ全体の形状も考慮して、入口に最も近い位置が「なお望ましい」として幅を持たせた。

5）大便器

　腰掛け式大便器を１以上設置することを標準仕様として明確に位置づけた（簡易型多機能便房を設置する場合は、その設置をもって１カ所と見なすことができる）。

　手すりについては、腰掛け式大便器の便房に設置することを標準仕様とし、設置の仕方について「垂直、水平に」設置する旨具体的に記述した。

　また、和式便器の便房にも手すりを設置することが「なお望ましい」とした。

	当整備ガイドライン	前回ガイドライン
小便器	○トイレ内に、杖使用者等の肢体不自由者等が立位を保持できるように配慮した手すりを設置した床置き式又は低リップ（リップ高35cm以下がなお望ましい）の壁掛け式小便器を1以上設置する。 ◇入口に最も近い位置に設置することがなお望ましい。	手すりなどを設けた大便器と、手すりを設けたストール式小便器が望ましい。 大便器のうち、最低1カ所は腰掛け式を設置することが望ましい。 ＜大便器手すり＞壁に手すりを設け、視覚障害者、歩行困難者の動作を容易にする。 ＜小便器手すり＞歩行困難者が使用するにあたり、胸部でよりかかれるようなもの、または、両側によりかかれるように便器から突き出した手すりの先端の形状にも配慮を加える。また、小便器のうち少なくとも1カ所、出入口に最も近いものに手すりを両側に取りつける。
大便器	○トイレ内に腰掛け式大便器を1以上設置した上、その便房の便器周辺には垂直、水平に手すりを設置する。 ◇和式便器の前方の壁に垂直、水平に手すりを設置することがなお望ましい。	
洗面器	○洗面器は、もたれかかった時に耐えうる強固なものとするか、もしくは手すりを設けたものを1以上設置する。 ◇3～4歳児の利用に配慮し、上面の高さ55cm程度のもの設けるとなお望ましい。	＜洗面器手すり＞洗面器のうち少なくとも1カ所は手すりを設ける。

移動円滑化基準

第12条　　便所を設ける場合は、当該便所は、次に掲げる基準に適合するものでなければならない。

　一　便所の出入り口付近に、男子用及び女子用の区別（当該区別がある場合に限る。）並びに便所の構造を視覚障害者に示すための点字による案内板その他の設備が設けられていること

第8条の2　　前項の規定により視覚障害者誘導用ブロックが敷設された通路と第4条第7項第10号の基準に適合する乗降ロビーに設ける操作盤、第11条第2項の規定により設けられる点字案内板その他の設備、便所の出入口及び第15条の基準に適合する乗車券等販売所との間の経路を構成する通路等には、それぞれ視覚障害者誘導用ブロックを敷設しなければならない。ただし、前項ただし書に規定する場合は、この限りでない。

6）洗面器

　肢体不自由者等に配慮して前回は「少なくとも1カ所手すりを設ける」としているが、手すりについては形状によっては蛇口に届きにくくなったり、車いすで利用する場合の通行の障害となる等の理由で否定的な意見もあることから、洗面器自体を「もたれかかった時に耐えうる強固なものとする」ことで手すりを設けないことを選択肢に加えた。

　また、小便器との関連で3～4歳児の使用に対応する高さの洗面器（高さ55cm程度）の設置がなお望ましいとした。

7）乳児用設備

　今回、新たに対象として明記した乳幼児連れの人への配慮として、ベビーチェアを標準仕様として「トイレ内に1以上、男女別を設けるときにはそれぞれに1以上、大便用の便房内に」設置することとした。また、なお望ましい仕様としてスペースに余裕がある場合には「複数の便房に設置し、洗面所付近にも設置する」こととしている。

　おむつ交換等のためのベビーベッドについては多機能トイレにおける標準仕様としているが、一般トイレのスペースに余裕のある場合には一般トイレの男女別に設置することで多機能トイレへの設置に代えられることとしている。

8）床仕上げ

　移動円滑化基準を受けて、ぬれた状態でも「滑りにくい仕上げ」とすること（基準第12条1項2号）、「高齢者、身体障害者等の通行の支障となる段差を設けない」こと（基準第13条1項3号）を新たに標準仕様として挙げている。

　また、転倒した場合の衝撃が少ない素材の使用について検討を行ったが、製品開発の水準が十分でないため記載を見送った。

9）通報装置

　前回は「便器に腰掛けたまま容易に利用できるもの」との記述のみであったが、今回は一般トイレについても車いすでの使用を念頭に置いて、設置位置を「便器に腰掛けた状態、車いすから便器に移乗しない状態、床に転倒した状態のいずれからも操作できるように」設置すると記述し、なお望ましい仕様とした。

　また、多機能トイレと同様、視覚障害者、聴覚障害者、上肢不自由者等の

	当整備ガイドライン	前回ガイドライン
乳児用設備	○乳児連れの人の利用を考慮し、トイレ内に1以上、男女別を設けるときはそれぞれに1以上、大便用の便房内にベビーチェアを設置する。 ◇スペースに余裕がある場合には複数の便房に設置し、洗面所付近にも設置することがなお望ましい。 （○乳児のおむつ替え用に乳児用おむつ交換シートを設置する。但し、一般トイレに男女別に設置してある場合はこの限りではない。）	小さな子供連れの人の利用を考慮し、ベビーベッド、大型の汚物入れを設置することが望ましい。
床仕上げ	○ぬれた状態でも滑りにくい仕上げとする。 ◇排水溝などを設ける必要がある場合には、視覚障害者や肢体不自由者等にとって危険にならないように、配置を考慮することがなお望ましい。 ○床面は、高齢者、身体障害者等の通行の支障となる段差を設けないようにする。	清掃性を考慮することは、身体障害者用便所の床仕上げの項と同様であるが、特に排水溝などを設ける必要のある場合には、視覚障害者や歩行困難者にとって危険にならないように、配置を考慮する。
通報装置	◇便器に腰掛けた状態、車いすから便器に移乗しない状態、床に転倒した状態のいずれからも操作できるように通報装置を設置することがなお望ましい。この場合、音、光等で押したことが確認できる機能を付与する。点字等により視覚障害者が呼びだしボタンであることが認識できるものとするとともに、水洗スイッチ等の装置と区別できるよう形状等に配慮する。指の動きが不自由な人でも容易に使用できる形状とすることがなお望ましい。	非常用呼び出しボタン等を取りつける場合は、便器にこしかけたまま容易に利用できるものとし、わかりやすい位置に設ける。
簡易型多機能便房	○簡易型多機能便房は、小型の手動車いす（全長約85cm、全幅約60cmを想定）で利用可能なスペースを確保する（正面から入る場合は奥行き190cm以上×幅90cm以上のスペースと有効幅80cm以上の出入口の確保、側面から入る場合は奥行き220cm以上×幅90cm以上のスペースと有効幅90cm以上の出入口の確保が必要）。 ◇新設の場合等でスペースが十分取れる場合は、標準型の手動車いす（全長約110cm、全幅約65cmを想定）で利用が可能なスペー	

利用にも配慮した機能、形状とすることとしている。

10）簡易型多機能便房

　前述のように、身体障害者の中でも単独行動者や同性介助者の男女別多機能トイレ設置への強いニーズ、身体障害者用のトイレをユニバーサルデザイン化することに伴う絶対数不足への懸念を背景に、一般トイレにおいても車いす使用者等の利用を可能とする簡易型多機能便房の設置について記述している。

　大きさについては、標準仕様の場合小型の手動車いすの利用を想定して、正面出入口の場合で190cm×90cm（出入口有効幅80cm以上）、側面出入口の場合で220cm×90cm（出入口有効幅90cm以上）をとることとしている。なお望ましい仕様としては、標準型の手動車いすの利用を想定して、側面出入口の場合で220cm×110cm（出入口有効幅90cm以上）をとることとしている（正面出入口の場合は標準仕様と同じ）。

　このほかでは、標準仕様として、腰掛け式便器の設置、便器の形状はフットレストがあたることで使用時の障害とならないこと、手すりの設置、便器に腰掛けたままの状態と便器に移乗しない状態の双方から操作できる水洗装置、非常用通報装置、汚物入れの設置を挙げ、その水洗装置のスイッチについては手かざしセンサーか操作しやすい押しボタン式、靴べら式などとすること、フックの設置、フックの位置・形状については立位者、車いす使用者の顔面に危険がないこととともに車いすに座った状態で使用できることおよび便房の床・出入口に段差を設けないことを挙げている。

　また、なお望ましい仕様として、ドアの握り手をドア内側の左右両側に設置すること、便器に背もたれを設置すること、オストメイト等対応の水洗装置を設置すること、便器に腰掛けた状態と便器に移乗しない状態の双方から使用できるペーパーホルダーを設置することを挙げている。

　多機能トイレと異なる点は、大きさのほか、オストメイト等への対応、背もたれの設置、ペーパーホルダーの設置が、なお望ましい仕様になっていることである。

	当整備ガイドライン	前回ガイドライン
簡易型多機能便房	スを確保することがなお望ましい（正面から入る場合は上記と同様であるが、側面から入る場合は奥行き220cm以上×幅110cm以上のスペースと有効幅90cm以上の出入口の確保が必要）。 ◇ドアの握り手はドア内側の左右両側に設置することがなお望ましい。 ○簡易型多機能便房には、腰掛け式便器を設置する。便器の形状は、車いすのフットレストがあたることで使用時の障害になりにくいものとする。 ◇便器に背もたれを設置することがなお望ましい。 ◇オストメイトのパウチ等の洗浄ができる水洗装置を設置することがなお望ましい。 ○便器の周辺には、手すりを設置するとともに、便器に腰掛けたままの状態と車いすから便器に移乗しない状態の双方から操作できるように水洗装置、非常用通報装置及び汚物入れを設置する。水洗装置のスイッチは、手かざしセンサー式、又は操作しやすい押しボタン式、靴べら式などとする。手かざしセンサー式が使いにくい人もいることから、手かざしセンサー式とする場合には押しボタン、手動式レバーハンドル等を併設する。 ◇便器に腰掛けた状態と車いすから便器に移乗しない状態の双方から使用できるようにペーパーホルダーを設置することがなお望ましい。 ○荷物を掛けることのできるフックを設置する。このフックは、立位者、車いす使用者の顔面に危険のない形状、位置とするとともに、1以上は車いすに座った状態で使用できるものとする。 ○便房の床、出入口には段差を設けない。	（水洗装置は便器に腰掛けたまま使用できる位置に設置する。扱いやすい靴べら式押しボタンなどが望ましい。また、ペーパーホルダー、荷物台、棚、フック等を必要に応じて利用しやすい位置に設置することが望ましい。）

3．多機能トイレ

1）案内表示

　出入口付近に「身体障害者、オストメイト、高齢者、妊婦、乳幼児を連れた者等の使用に配慮した多機能トイレである」旨を表示することとしている。対象についての考え方は「配置」の項で述べた。

　表示については「トイレの位置および構造」の項で述べた移動円滑化の考え方が背景になっている。移動円滑化基準第10条にはトイレを「移動円滑化のための主要な設備」と位置づける旨の規定があるが、同条の後半ではそうした設備があることを表示する標識を設けなければならないとしている。

　さらに第13条1項4号で「出入口には、車いす使用者その他の高齢者、身体障害者等の円滑な利用に適した構造を有する便房が設けられていることを表示する標識が設けられていること」とする規定があり、この規定は第14条で便所に読み替えることとなっている[注]ので、この考え方を反映した記述としたものである。

　　注）移動円滑化基準における「便所」とは、他の空間と完全に仕切られた部屋となっているものをいい、本節の「多機能トイレ」は独立した一つの便所という概念で整理される。

2）出入口

　新たに「点字による案内板等を設置する」旨の記述を加えたが、これはトイレ全般の「案内表示」の項と同様の理由である。

3）ドア

　「電動式引き戸又は軽い力で操作できる手動式引き戸とする」とし、手動式の場合の記述に上肢不自由者等に配慮して軽い力で操作できる旨を加えた。その上で、自動的に戻るタイプのものは車いすで出入りする場合に充分な時間がとれない可能性があるので好ましくないことをつけ加えている。

　握り手については、車いす使用者の利便性に配慮して移動しなくても開閉の操作ができるよう左右両側に設置することをなお望ましい仕様として挙げた。

　有効幅については、当整備ガイドラインの他の仕様（公共用通路等90cm、エレベーター80cm）との比較も含め様々な議論があったが、最終的に移動円滑化基準（第13条1項5号イ）に合わせて80cmを標準仕様とし、90cm以上をなお望ましい仕様とした。

■ 多機能トイレ

	当整備ガイドライン	前回ガイドライン
案内表示	○多機能トイレの出入口付近には、身体障害者、オストメイト、高齢者、妊婦、乳幼児を連れた者等の使用に配慮した多機能トイレである旨を表示する。	
出入口	○多機能トイレに入るための通路、出入口は段差その他の障害物がないようにする。また、多機能トイレの位置が容易にわかるように点字による案内板等を設置する。	便所に入るための通路、出入口は、段差その他の障害物がなく、便所が容易にわかるように案内表示を考慮する。
ドア	○電動式引き戸又は軽い力で操作のできる手動式引き戸とする。手動式の場合は、自動的に戻らないタイプとし、握り手は棒状ハンドル式のものとする。 ◇握り手はドアの内側の左右両側に設置することがなお望ましい。 ○有効幅は80cmを確保する。 ◇有効幅は90cm以上がなお望ましい。	自動引き戸が望ましい。手動式の場合は引き戸とし、握手は棒状ハンドル式のものが望ましい。 ドア有効幅員 ・80cm　車いすで利用できる最低寸法 ・90cm　車いすで利用しやすい推奨値 ・120cm　2本杖使用者の利用しやすい寸法

移動円滑化基準

第10条　　昇降機、便所又は乗車券等販売所（以下「移動円滑化のための主要な設備」という。）の付近には、移動円滑化のための主要な設備があることを表示する標識を設けなければならない。

第13条　　四　出入口には、車いす使用者その他の高齢差、身体障害者等の円滑な利用に適した構造を有する便房が設けられていることを表示する標識が設けられていること。

第14条　　前条第1項第1号から第3号まで、第5号及び第6号並びに同条第2項第2号から第4号までの規定は、第12条第2項第2号の便所について準用する。この場合において、前条第2項第2号中「当該便房」とあるのは、「当該便所」と読み替えるものとする。

4）鍵

　上肢不自由者等に配慮して「指の動きが不自由な人でも容易に施錠できる」旨の記述を加えた。

5）ドア開閉盤

　電動式ドアの場合の設置位置を「車いす使用者が中に入りきってから操作できるようドアから70cm以上離れた位置」とする旨の記述を加えた。これは、従来ドア開閉盤がドアのすぐ近くに設置されることが多く、車いす使用者が一旦中に入ってから戻って操作しなければならない状況になっている指摘に応えたものである。

6）大きさ

　移動円滑化基準では「車いす使用者の円滑な利用に適した広さ」を確保することとなっている（基準第13条1項6号）。
　当整備ガイドラインでは「手動車いすで方向転換が可能なスペースを確保する（標準には200cm×200cm）」ことを標準仕様とした上で、近年電動車いすで日常的な活動を行う人が増加している状況を考慮し、新設の場合等スペースが十分取れる場合は「電動車いすで便器へ移乗するための方向転換が可能なスペースを確保する（標準的には220cm×220cm）」ことを同様に標準仕様として挙げている。

7）便器

　「腰掛け式とする」こと、「車いすのフットレストがあたることで使用時の障害になりにくい」形状とすることに加え、いくつかの具体的な記述を加えた。
　まず、便座には「便蓋を設けず、背後に背もたれを設ける」ことを標準仕様とした。
　背もたれの設置については、車いす使用者等の中でも上体の安定しにくい人の要請に応えたものである。一方便蓋については、従来から開ける手間とその有用性の比較から不要との意見があったことに加え、今回背もたれの設置によって構造上の問題も生ずることになったため、設けないこととした。
　また、便座の形についても検討を行ったが、導尿管使用者等が作業スペースを確保できる点と衛生面を理由に「前割れ型」を支持する意見と下半身の神経機能が低下している人にとっての使いやすさ（足がはさまったり、ズボンが絡まったりすることが少ない）と強度を理由に「前丸型」を支持する意

	当整備ガイドライン	前回ガイドライン
鍵	○指の動きが不自由な人でも容易に施錠できる構造のものとし、非常時に外から解錠できるようにする。	容易に施錠できる形式とし、非常時に外から解錠できるようにする。
ドア開閉盤	○ドア開閉盤は、電動式ドアの場合車いす使用者が中に入りきってから操作できるようドアから70cm以上離れた位置に設置する。高さは100cm程度とする。 ○使用中を表示する装置を設置する。	自動ドアの開閉盤の高さは100cm程度とする。 使用中を表示する装置を設置する。
大きさ	○手動車いすで方向転換が可能なスペースを確保する（標準的には200cm×200cmのスペースが必要）。 ○新設の場合等、スペースが十分取れる場合は、電動車いすで便器へ移乗するための方向転換が可能なスペースを確保する（標準的には220cm×220cmのスペースが必要）。	車いすが内部で回転できる内法寸法を確保する。

移動円滑化基準

第13条　三　出入口には、車いす使用者が通過する際に支障となる段がないこと。ただし、傾斜路を設ける場合は、この限りでない。

　　　　五　出入口に戸を設ける場合は、当該戸は、次に掲げる基準に適合するものであること。

　　　　六　車いす使用者の円滑な利用に適した広さが確保されていること。

　　　　　イ　有効幅は、80cm以上であること。

　　　　　ロ　車いす使用者その他の高齢者、身体障害者等が容易に開閉して通過できる構造のものであること。

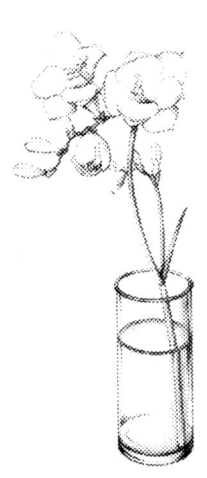

見とが併立した状況で、研究会としての結論には至らず、また当整備ガイドラインで言及することによって整備の方向が偏ることを避ける意味でもあえて言及しなかった。

便座の高さについては、前回は「車いす座面の高さを標準とする」としているが、今回は「40cm〜45cm」と具体的な数値を記述している。現在、一般の腰掛け式便器の便座の高さは40cmのものが主力であるのに対し、身体障害者用トイレに設置されるものは45cmのものが中心で、40cmのものと併存している状況である。45cmとする考え方は主に便器から車いすに戻るときの安定性に配慮して便座の高さが車いすの座面より低くならないよう考慮したものである（ただし、近年増加している電動車いすは全般的に手動車いすより座面が高く、必ずしもこの通りになっていない）。一方、車いす使用者の中には便器の使用中の安定性は40cmの方が優れていることから、40cmのものを支持する意見も多く、アンケート調査（東陶機器㈱実施、資料9、199頁参照）によれば両者はほぼ拮抗した状況になっている。これらの状況を前提に、当研究会としては現在の整備状況は受入れた上で、今後について40cm〜45cmの幅で地域のニーズ等も踏まえて設計者が判断していくのが妥当と考え、本文のような記述とした。

最後に「便器に前向きに座る場合も考慮して、その妨げになる器具等がないように配慮」する点に触れている。これは便器への移乗の際の制約等から便器を反対向きに使用する身体障害者も相当数いるという現状を踏まえ、その要請に対応したものである。この問題に関連して、便器の形状自体を前向き、後向き双方に対応しやすいものにしてほしい旨の要請もあるが、現段階では製品開発が熟していないため言及を避けた。

8）オストメイト等への対応

新たに「オストメイトのパウチやしびんの洗浄ができる水洗装置を設置する」旨言及した。オストメイトにとっての排泄行為とは、パウチに溜まった便や尿を便器に捨てることであるが、このときパウチの洗浄が必要となる。従来の身体障害者用トイレには洗浄設備がなかったので、現実的な処理として便器に溜まった水でパウチを洗っていた状況であった。このことはしびん使用者についても同様であったが、こうした状況に対応するために水洗装置を設置することとしたものである。

装置の標準仕様については、早期の普及が必要とされる一方、従来の製品にはこれに対応できるものがなかったため、研究会の進行と並行して既存の便器にも比較的取付けが容易な水洗装置を開発し見本として示した。

なお望ましい仕様としては、面積に余裕がある場合等を想定して、独立し

	当整備ガイドライン	前回ガイドライン
便器	○便器は腰掛け式とする。便器の形状は、車いすのフットレストがあたることで使用時の障害になりにくいものとする。 ○便座には便蓋を設けず、背後に背もたれを設ける。 ○便座の高さは40〜45cmとする。 ○便器に前向きに座る場合も考慮して、その妨げになる器具等がないように配慮する。	便器は腰かけ式とする。便座の高さは、車いす座面の高さを標準とする。車いすで、できるだけ便器に接近できるようフットレストが下に入る便器が望ましい。
オストメイト等への対応	○オストメイトのパウチやしびんの洗浄ができる水洗装置を設置する。 ◇上記の水洗装置としては、パウチの洗浄や様々な汚れ物洗いに、汚物流しを設置するとなお望ましい。 ◇汚物流しを設置する場合、オストメイトがペーパー等で腹部を拭う場合を考慮し、温水が出る設備を設けることがなお望ましい。	

た汚物流しを設置することを挙げている。また、汚物流しを設置する場合には、オストメイトが腹部を汚した際にペーパー等で拭う場合等を考慮して、温水の出る設備を設置することとしている。

10）手すり

　前回「径3.2～3.8cmのステンレス製が望ましい」としているが、材質については近年ステンレス製以外でもかなり清掃性、耐久性に優れた製品が開発されており、冷たくない等の利点もあるので今回はあえて特定しないこととした。また、径については前回は身体障害者にとっての握りやすさという観点で目安として具体的な数値を挙げたが、障害の程度等によっても握りやすさが異なることに加えて、今回はトイレ以外の手すりについて標準的な仕様が示された（径4.0cm程度）が、それとの比較において用途上、それ程明確な相違がないこと等を考慮して、あえて具体的な数値は示さずに「握りやすいもの」との記述にとどめたものである。

　壁と手すりの間隔について言及した目的は、握った指が入ること等の使いやすさに加え、滑ったときに隙間に手が入り込んで骨折等の事故を起こすことがないようにとの配慮を含んでいる。前回の「4.5cm以上」を今回は「5.0cm以上」に変更しているが、これは今回トイレ以外の手すりと壁の間隔についての標準的な仕様が示され（「5.0cm程度」）、その整合性を考慮して変更しても問題ないことが確認できたためである。

　手すりの設置方法についてはこれまで具体的な記述がなかったが、今回標準的な仕様を例示してほしい旨の要望があり、新たに以下のような記述を加えた。まず、便器に沿った壁面側は「L字形」に設置することとし、もう一方の、車いすから移乗する側については「十分な強度を持った可動式」とすること、次に可動式手すりの長さは「便器先端と同程度」とすることとし、最後に手すりの高さ（「65～70cm」）と左右の手すりの間隔（「70～75cm」）について具体的な数値で目安を示した。

　壁面側とそれと反対側の設置方法については、「配置」の項で述べたように複数の場合、左右対象形とするなどの配慮が望まれる。

11）付属器具

　身体障害者用のトイレの利用状況が、便器に移乗しない状態で用を足す人が相当数に上る実態を踏まえ、水洗スイッチ、ペーパーホルダーについては「便器に腰掛けたままの状態と、便器の回りで車いすから便器に移乗しない状態の双方から操作できるように」設置する旨の記述を加えた。なお、当初の案は「それぞれ2以上」設置するものであったが、双方から操作できる位

	当整備ガイドライン	前回ガイドライン
手すり	○手すりを設置する。取り付けは堅固とし、腐蝕しにくい素材で、握りやすいものとする。 ○壁と手すりの間隔は握った手が入るように5.0cm以上の間隔とする。 ○手すりは便器に沿った壁面側はL字形に設置する。もう一方は、車いすを便器と平行に寄り付けて移乗する場合等を考慮し、十分な強度をもった可動式とする。可動式手すりの長さは、移乗の際に握りやすく、かつアプローチの邪魔にならないように、便器先端と同程度とする。手すりの高さは65～70cmとし、左右の間隔は70～75cmとする。	手すりは必ず設置する。取付は堅固とし、手すりは、握りやすく清掃しやすい、腐蝕しにくい、径3.2～3.8cmのステンレス製が望ましい。また、壁と手すりの間隔は握った指が入るように4.5cm以上あける。
付属器具	○水洗スイッチは、便器に腰掛けたままの状態と、便器の回りで車いすから便器に移乗しない状態の双方から操作できるように設置する。手かざしセンサー式又は操作しやすい押しボタン式、靴べら式などとする。手かざしセンサーが使いにくい人もいることから、手かざしセンサー式とする場合には押しボタン、手動レバーハンドル等を併設する。 ◇小型手洗い器を便座に腰掛けたままで使用できる位置に設置することがなお望ましく、蛇口は操作が容易なセンサー式、押しボタン式などとする。 ○ペーパーホルダーは片手で紙が切れるものとし、便器に腰掛けたままの状態と、便器の回りで車いすから便器に移乗しない状態の双方から使用できるように設置する。 ○荷物を掛けることのできるフックを設置する。このフックは、立位者、車いす使用者の顔面に危険のない形状、位置とするとともに、1以上は車いすに座った状態で使用できるものとする。 ○手荷物を置ける棚などのスペースを設定する。	水洗装置は、便器に腰かけたまま使用できる位置に設置する（扱いやすい靴べら式押しボタンなどが望ましい）。 手洗いは便器に腰かけたまま使用できることが望ましい。 その他ペーパーホルダー、鏡などを取りつける場合は、車いすでの使用を考慮する。また、ブース内には荷物台、棚、フック、ベビーベッドなどを必要に応じて設置することが望ましい。
洗面器	○車いすから便器へ前方、側方から移乗する際に支障とならない位置、形状のものとす	高さは76cm程度とする。よりかかる場合を考慮し、

置への設置が可能であれば1でも問題ないとの意見があり、本文のように決定した。

　水洗スイッチについては、上記のほか、操作方法として上肢不自由者等に配慮して手かざしセンサーを加えた。ただし、手かざしセンサーが使いにくい人もいることから、採用する場合は、「押しボタン、手動レバーハンドル等との併用」とすることとした。一部で普及している足踏み式のスイッチについては、様々な議論があったが上肢の不自由な車いす使用者が車いすの車で操作できる利点を有する反面、存在に気づきにくい、誤動作が多い等の欠点があるので、例示のレベルからははずすこととした（ただし、複数設置する場合の採用を妨げるものではない）。

　小型手洗い器の設置を、なお望ましい仕様として挙げた上で、蛇口について「操作が容易なセンサー式、押しボタン式などとする」との記述を加えた。

　ペーパーホルダーの設置については、身体障害者に特にトイレットペーパーの使用ニーズが高いことを考慮し、標準仕様とした。設置位置について上記記述を入れたほか、上肢不自由者等に配慮して「片手で紙が切れるもの」との記述を加えた。

　フックの設置を、オストメイトや様々な器具の使用者に配慮して標準仕様とした。その上で、「立位者、車いす使用者の顔面に危険のない形状、位置とする」こととした。

　フックに加え「手荷物を置ける棚などのスペースを設定する」ことを標準仕様とした。

12）洗面器

　新たに「車いすから便器へ前方、側方から移乗する際に支障とならない位置、形状とする」旨の記述を加えた。

　高さについては前回「76cm程度」としていたが、より具体的に「車いすでの使用に配慮し、洗面器の下に床上60cm以上の高さを確保し、洗面器上面の標準的な高さを80cm以下とする」とした。

　鏡については前回は文章による具体的な記述はなかったが、今回新たに「車いすでも立位でも使用できるよう、低い位置から設置され十分な長さを持った平面鏡とする」旨記述した。これは一部で普及している（前回姿図で示した例もそうなっている）傾斜鏡が使いにくいとの意見があり、検討の結果本文を採用することとしたものである。

　温水設備の設置については、おむつ交換やオストメイトが腹部を拭う場合を考慮し、新たになお望ましい仕様として記述した。設置にあたっては「車

	当整備ガイドライン	前回ガイドライン
洗面器	る。 ○車いすでの使用に配慮し、洗面器の下に床上60cm以上の高さを確保し、洗面器上面の標準的高さを80cm以下とする。よりかかる場合を考慮し、十分な取付強度を持たせる。 ○蛇口は、上肢不自由者のためにもセンサー式、レバー式などとする。 ◇おむつ交換やオストメイトがペーパー等で腹部を拭う場合を考慮し、温水が出る設備を設けるとなお望ましい。温水設備の設置にあたっては、車いすでの接近に障害とならないよう配慮する。 ○鏡は車いすでも立位でも使用できるよう、低い位置から設置され十分な長さを持った平面鏡とする。	充分な取付強度を持たせる。 　上肢不自由者のためにもレバー式、または、光電管式が望ましい。

いすでの接近に障害とならない」旨の配慮に触れた。なお、オストメイト等への対応として独立した汚物流しを設置しこれに温水設備を取りつける場合は、洗面器への設置は不要である。

13) 汚物入れ

「パウチ、おむつも捨てることを考慮」する旨の記述を加えた。

14) 鏡

新たにオストメイト等の身づくろいへの対応として「洗面器前面の鏡とは別に、全身の映る鏡を設置すること」をなお望ましい仕様として記述した。

15）おむつ交換シート

　今回、新たに対象として明記した乳幼児連れの人への配慮として、新たに「乳児用おむつ交換シートを設置」することを標準仕様として挙げた。

　さらに「重度障害者のおむつ替え用等に、折りたたみ式のおむつ交換シートを設置する」ことをなお望ましい仕様として挙げている。

　近年、身体障害者用機器の開発、交通施設を始めとするバリアフリー環境整備の進展等によって、以前に比べより重度な障害者の外出機会が増加しており、その中にはおむつ使用者もいることから、おむつ交換シート設置への要請が強いのが現状である。その意味では大人でも利用できる折りたたみ式のおむつ交換シートを設置することが最も望ましい（同シートで乳児のおむつ交換も可能である）といえ、当研究会としても当初折りたたみ式のおむつ交換シートを設置することを標準仕様とする方向で検討を行っていた。しかしながら、同シートの設置については目的以外の使用という問題があり、その排除方法等まだ課題を残しているのが現状である。このため、今回は乳児用のおむつ交換シートを標準仕様とし、重度障害者用のおむつ交換シートはなお望ましい仕様にとどめた。

15）床仕上げ

　一般用トイレと同様「ぬれた状態でも滑りにくい」仕上げとすること、「高齢者、身体障害者等の通行の支障となる段差を設けないこと」を標準仕様とし、排水溝などの設置については「視覚障害者や肢体不自由者等にとって危険にならないように」配置を考慮することをなお望ましい仕様として挙げている。

16）通報装置

　付属設備と同様「便器に腰掛けた状態、車いすから便器に移乗しない状態」に加え、「床に転倒した状態」からも操作できるように設置することとしている。

　また、視覚障害者が他のスイッチと誤認して操作することを避ける目的で、音で押したことが確認できる機能の付与、ボタンの形状、点字等識別についての配慮を挙げ、聴覚障害者向けに光で押したことが確認できる機能の付与を標準仕様として挙げた。

　さらに、上肢不自由者等への配慮から、「指の動きが不自由な人でも容易に使用できる形状とする」ことも標準仕様として言及している。

	当整備ガイドライン	前回ガイドライン
汚物入れ	○汚物入れはパウチ、おむつも捨てることを考慮した大きさのものを設置する。	汚物入れは一般のものより大きく、かつ手の届く範囲に設ける。
鏡	◇洗面器前面の鏡とは別に、全身の映る姿見を設置することがなお望ましい。	
おむつ交換シート	○乳児のおむつ替え用に乳児用おむつ交換シートを設置する。但し、一般トイレに男女別に設置してある場合はこの限りではない。 ◇重度障害者のおむつ替え用等に、折りたたみ式のおむつ交換シートを設置することがなお望ましい。その場合、畳み忘れであっても、車いすの出入りが可能となるよう、車いすに乗ったままでも畳める構造、位置とする。	
床仕上げ	○ぬれた状態でも滑りにくい仕上げとする。 ◇排水溝などを設ける必要がある場合には、視覚障害者や肢体不自由者等にとって危険にならないように、配置を考慮する。 ○床面は、高齢者、身体障害者等の通行の支障となる段差を設けないようにする。	全体を水洗いできるように、清掃性を考慮する。また、くぼみなどによって水たまりのできる恐れのない仕上げとする。
通報装置	○通報装置は、便器に腰掛けた状態、車いすから便器に移乗しない状態、床に転倒した状態のいずれからも操作できるように設置する。音、光等で押したことが確認できる機能を付与する。 ○点字等により視覚障害者が通報装置であることが認識できるものとするとともに、水洗スイッチ等の装置と区別できるよう形状等に配慮する。 ○指の動きが不自由な人でも容易に使用できる形状とする。	便器から手の届く位置に設ける。床に転倒した時、使える位置にもあればなお良い。

トイレ研究会、ガイドライン委員会での論点について

交通エコロジー・モビリティ財団

バリアフリー推進部 研究員　藤田　光宏

●

　ここでは、トイレ研究会およびガイドライン委員会において論点となった主な項目を採り上げ、その内容をＱ＆Ａ形式で紹介します。

１．案内表示について

Q．トイレの点字による案内板等の高さ140～150cmの理由は何ですか？
　A．点字等の案内板は、視覚障害者の方が肩の高さで案内板を見つけることができるよう、床から案内板の中心までの高さを140cmから150cmとしています。また弱視者の方にとっても至近距離まで接近して見ることができる高さでもあります。

Q．オストメイトのサインは標準案内用図記号に示されていないのではないですか？
　A．オストメイトの方がパウチ等を洗浄できる設備があることを示すサインは、標準案内用図記号で決定された図記号にはなく、パブリックにオストメイト対応トイレであることを示す図記号は特に決められていませんでした。一方、日本オストミー協会で普及させてきたマークはありますが、一見して意味を伝えるという案内用図記号（ピクトグラム）として必ずしも適しているものではない、という議論がありました。そこで、このたび、誰もがわかるようなパブリックサインとしての右頁のような図記号を作成し、参考として示しました。

２．小便器について

Q．小便器は床置き式の方が身体障害者にやさしいのではないですか？
　A．小便器のリップの高さが高すぎると、姿勢の安定しない人や幼児にとって使いにくいものとなるので、その点は確かに床置き式は人にやさしいということができます。
　　一方、壁掛け式には清掃がしやすいという長所がありますので、ガイドラインでは、床置き式かもしくは低リップ（35cm以下がなお望まし

（参考）オストメイト用の設備を備えていることを示す図記号

（参考）オストメイト用の設備を備えている多機能トイレの誘導サイン
●誘導サイン（吊下型などの形式を想定）

【多機能便所のあるトイレ】　　　　　　　　　　【多機能便所のあるトイレ】

（参考）オストメイト用の設備を備えている多機能トイレの位置サイン
●多機能トイレの位置サイン（扉付型などの形式を想定）

【男女共用】　【女子用】 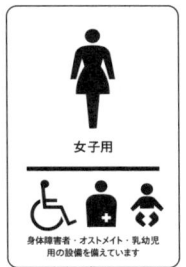　【男子用】 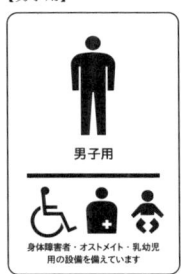　【簡易型多機能便房】

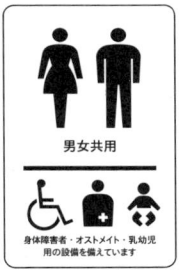

い）の壁掛け式とするとしています。

Q. 小便器の手すりの設置に関して考慮するべき点は何ですか？

　A．杖使用者等にとって、態勢を維持しながら小便器を使用しやすいように配慮した手すりの形状、位置、距離とする必要がありますが、使用に際して小便器および小便器周りを汚さない距離を考慮し設置する必要があります。そこで門型バー（横バー）が小便器の前面と同一平面になる位置が良いのではないかとの議論のもと、参考図を示しています。なお門型バーが邪魔だとする見解（それがあるために身がひけるために便器からはずれてしまって汚れる）もありましたが、杖使用者等がもたれかかって使用することを考えるとやはり必要といえます。

3. 大便器について

Q. 和式便器は人にやさしくないため、すべて洋式便器とするべきではないでしょうか？

A．肢体が不自由な身体障害者等にとって、腰掛けて利用できる洋式便器の方が利用しやすいことは明らかですが、人によっては和式便器の方が使いやすい方もいるため、すべて洋式であることが望ましいわけではありません。

Q．和式便器の手すりの図例を正面の逆Ｔ字型にしていますが、その理由は何でしょうか？

　　A．和式便器使用者に対して正面に位置する垂直手すりは立ち上がり・しゃがみ込み動作の補助のために、また水平手すり(低い位置)はしゃがんだ姿勢の安定のために必要であるという議論のもと参考として示しました。なお、前ガイドラインにおいては垂直手すりが使用者の横側に配置された参考図でしたが、立ち上がり・しゃがみ込みの動作に対して横側では障害の状況によって使いづらい場合も考えられ、誰もが使用しやすい位置である正面としました。

４．乳児用設備について

Q．乳児用設備について、どのような配慮がされていますか？

　　A．高齢者・障害者への配慮に併せ、乳児連れの利用者への配慮および外出時の生活環境の向上をはかっていくことも必要です。そのため、トイレの便房内や洗面所付近にベビーチェアを設けることとし、乳児連れの利用者のトイレ利用時の配慮をしています。また、多機能トイレにはおむつ替え用の乳児用おむつ交換シートを設置し、外出中の必要時に対応できる配慮もしています。

Q．ベビーチェアーを灰皿代わりに使われる危険があるのではないでしょうか？

　　A．灰皿代わりの使用についてはトイレ内での禁煙の徹底、難燃性素材の使用等により対応することが考えられます。また、ベビーチェアーの必要性は高く、一部の心ない人のために利用者が使いにくくなるというのは適当ではないと考えます。

Q．乳児用設備の設置以外で、乳幼児等の利用に対して考慮するべき点はありますか？

　　A．幼児等は身長が低いことから発生するバリアが考えられ、設備の高さについての配慮が必要です。本ガイドラインでも例えば、小便器のリップ高については「３～４歳の幼児の利用への配慮のため35cm以下がなお望ましい」としています。また、洗面器についても、「３～４歳の幼児の利用に配慮し、上面の高さ55cm程度のものを設けるとなお望ましい」としています。

5．簡易型多機能便房について

Q．簡易型多機能便房を設置する理由は何ですか？
　A．多機能トイレが世の中に普及することで、障害者の方がより外出しやすくなります。しかし、一つのトイレに対して多機能トイレを複数設置することは現実として難しく、一人の方が使っている間はもう一人の方が待たなければならなかったりと、多機能トイレの数が足りないという問題も出てきます。簡易型多機能便房は、その大きさからすべての車いす使用者が対象とはならず、主にスペースがあまり無くても便器に移乗でき一人で用の足せる車いす使用者の方等が対象となる施設ではありますが、スペースの関係から設置が容易であったり、既存の大便器の便房を改造することで設置できるなどの利点があり、設置数を増やして対応するという意味で効果があります。

Q．便房内の衣服等を掛けるためのフックの取付けに関して配慮すべきことはありますか？
　A．フックはオストメイトをはじめとした多くの人にとって衣服や鞄などを掛けるために必要です。しかし、フックが長すぎると視覚障害者の方などにとっての危険物ともなります。そこで、使用者の顔面に危険のないよう配慮された長さ、形状、位置とすることが必要です。

6．多機能トイレについて

6－1　多機能トイレ全般

Q．身体障害者用トイレの名称を「多機能トイレ」とした理由は何ですか？
　A．「多目的」という言葉は、「多くの目的のために使う、排泄以外の目的のために使う」という誤解を招く可能性があります。本ガイドラインは、基本的に排泄行為に的を絞り、多様な機能を有するという考え方のため「多機能トイレ」としています。

Q．車いす使用者には、男性・女性がいます。多機能トイレも男女区別すべきではないでしょうか？
　A．異性介助を考えると共用タイプへのニーズも多く、男女別が常に良いとは言いきれないため、共用のものを1以上または男女別にそれぞれ1以上設置することとしています。なお、今回のガイドラインでは、なお望ましい仕様として男女別の簡易型多機能便房を設置することとしています。

Q．多機能トイレの設置位置は直接外部と接していない男子用、女子用トイレの内部とすべきではないでしょうか？

A．多機能トイレの設置位置について、男女区別の必要性のほか、独立した構造だと出入りを一般の人に見られやすい、男子用、女子用と離れたところに設置されてわかりにくいケースがある等の理由から、男子用、女子用トイレの内部に設置すべきだとの意見もありますが、その一方で、面積、構造上の制約から1カ所ずつ取るのが不可能である、異性介助者がいる場合どちらかのトイレに入りにくいという問題があります。
　　このためガイドラインでは、構造上の制約がない場合のモデルケースとして、全体の出入口を入ったところに男女共用のトイレを設置し、その先で男子用トイレ、女子用トイレに分かれる例を示していますが、実際の設計にあたっては、わかりやすい位置で外部から出入りを見られにくい点に配慮する必要があります。

6－2　多機能トイレの大きさについて
Q．多機能トイレの標準的な仕様は200cm×200cmとなっていますが、これでは電動車いすで十分な方向転換が不可能であり、220cm×220cmを標準仕様とすべきではないでしょうか？
　　A．電動車いすでの方向転換の可否については、車いすの仕様、洗面器等設備の形状や配置によっても異なりますが、一般論としては200cm×200cmではかなり難しいといえます。
　　一方、これまで車いす対応型のトイレは、手動車いすを念頭において200cm×200cmで整備されたものが多く、これらのものをすぐに広げることは構造上等の理由で困難が予想されることから、今回のガイドラインでは200cm×200cmを標準仕様としながらも、新設等で面積の確保が可能な場合については220cm×220cmを標準仕様とすることとしています。

6－3　大便器について
Q．大便器の高さを40～45cmとしている理由は何ですか。
　　A．車いす使用者の便器の高さを決める上で配慮すべきことは、①車いすから便器への移乗しやすさ、②便器使用中の安定性、③便器から車いすへの移乗しやすさの3点があります。一般に高い所から低い所への方が移動しやすく、このため①と③は相反する関係にありますが、これまでは固定されていない車いすへの移乗しやすさ③を重視して、車いすの座面（手動車いすの規格42～44cm）より高い45cmを車いす使用者向け便器の高さの基準としてきました。ところが最近は、人によってどこを重視するか意見が分かれる状況となっているため、40～45cmと幅を持たせた表現としているものです。

Q．便座の型は前割れ型よりも、前丸型の方が強度もあり優れていると思いますが、基準にしない理由は何ですか？
 A．便座の型には前丸型と前割れ型があり、前丸型の長所は強度が強いことのほか、下半身の動きが不自由な方が腰掛けた状態で衣服の着脱をする際に、便座に太ももや衣服がはさまりにくい、といった点が挙げられます。一方、前割れ型は腰掛けた状態で前にスペースができるため作業をするのに適しているという意見があります。よって、一概にどちらが優れているとは言えない面があります。

Q．背もたれを設置する理由は何ですか？
 A．便器に腰掛けた際に座位が安定しない人、後ろに倒れる危険のある人にとって、背もたれの存在は大きな助けになり、背もたれの位置・形状等に配慮しつつ設置する意義は大きいと思われます。（資料9(3)、202頁参照）。

Q．洋式便器に腰掛ける体勢でなく、馬乗りに移乗して逆向きに使用する方も多いので、便器の形状を前後共用できるようもっと工夫すべきではないでしょうか？
 A．そうした使用形態、ニーズが確かにあり、現に開発されている例もありますが、まだ十分使いやすいものになっていないのが現状です。現段階では、逆向きに使用した場合に妨げとなる付属機器を設置しない配慮を実行する一方で、使いやすい製品の開発を進めていく必要がある状況と思われます。

6-4　手すりについて
Q．壁と手すりの離れはどれくらいとればよいのですか？
 A．トイレの手すりについては、車いす使用者の移乗の際に全体重を支えるための強い力がかかります。したがって、手が滑った場合に手すりの隙間に腕が入り込む危険があります。このことを回避するためには隙間をあけすぎない必要がありますが（隙間が十分に広ければ良いが現実としてスペース的に困難）、隙間を狭くしすぎても手すりを握りにくくなるという問題が生じ、使用が困難になります。これら双方の点に考慮して5cm以上の間隔としました。

6-5　オストメイト対応について
Q．オストメイトへの対応としては、どのような点に配慮が必要ですか？
 A．一般的にオストメイトのトイレの使用後のパウチの洗浄、便が漏れた場合の対応の主に2点が挙げられます。前者については、パウチを洗う

ことができる水洗装置の設置（特に、腰をかがめず洗える汚物流しを設置することが望ましい）、パウチを捨てるための汚物入れの設置、後者については、温水の出る設備の導入や姿見鏡の設置（さらに体を洗うためのシャワー室が設置されていると申し分ありません）、また、両者に共通するものとしての衣服や器具を置くための荷物台やフックの設置が挙げられます。

Q. 上記の点に関して、オストメイト対応についてのガイドラインの内容はどのようになっていますか？

　A. パウチの洗浄については、専用の水洗装置を設置することを標準仕様とし、汚物流しを設置することをなお望ましい仕様としています。また汚物入れを設置することも標準の内容としています。

　　便が漏れた場合の対応については、温水の出る設備の設置および衣服に付いた汚れ等を確認するための姿見の設置をなお望ましい仕様としています。また、棚などのスペース、フックを設けることは標準仕様としています。

Q. オストメイト対応の水洗装置について、駅の構造制約上、汚物流しを設置することが難しい場合があると思いますが、どのように対応すればよいのでしょうか？

　A. パウチの水洗は、現状のトイレには洗う場所がないため、便器の中（水のたまっているところ）で洗っているのが現状です。これは汚い、洗う時に腰をかがめるため体に負担がかかるなどの問題があります。これらを改善するためには、独立の汚物流しを設けることが望まれます。しかし、旅客施設などではスペースの制約がある場合があり、設置が困難な場合があります。このため、必ずしも独立の汚物流しでなくても、便器内でパウチやしびんを洗える水洗装置を取り付ける等の方法が考えられます。ガイドライン作成を機に考えられた、「後付型オストメイト水洗」は既存のトイレに後付で設置できるという特性から普及に関しては十分に期待でき、広い普及によりオストメイトの方の外出が改善されると期待できます。しかし、可能な限りは汚物流しが設置されている方が望ましいことも事実であり、スペースがある場合などは、汚物流しを設置した多機能トイレを社会に普及させていくことが望まれます。

Q. 独立の汚物流しが設置できない場合の上記のパウチ水洗装置は、具体的にはどのようなものが考えられますか？

　A. 独立の汚物流しでない水洗装置を検討する際に配慮すべき点としては、利用上の要請と管理上の課題への対応があり、具体的には以下のようなものが挙げられます。

利用上の要請は、パウチを洗えるということです。(なお、オストメイト協会では公共用トイレにおいてパウチを洗い、そのまま再装着することは前提としてはいないため、トイレ研究会においてもその前提で検討しています。)また、オストメイト以外の利用者を含め、配管等が利用上の障害とならないことが必要とされます(特に便座に逆向きに腰掛ける利用者もいることを考慮した設計とする必要があります)。

　管理上の課題は、使用時に(あるいは使用後の不注意等で)周囲が水浸しにならない、また容易に破損するような構造としないことです。このことから、トイレ研究会においては、シャワーや外部ノズルのタイプは公共旅客施設においては適さないと判断され、便器に設置するタイプの水洗装置を例として挙げています。

Q．全身の映る姿見はなぜ必要なのですか？
　A．オストメイトの方にとって、パウチからの便の漏れや、パウチの洗浄作業によって衣服が汚れる場合があり、そのような場合において衣服等を確認するために姿見が有効です。

6－6　付属器具等について

Q．付属器具等の設置位置について、配慮すべき点を教えてください。
　A．多機能トイレにおいて、便器に移乗し腰掛ける方、または移乗しないで車いすに乗った状態で尿瓶等をつかって作業をする方など、人によって様々な使い方をします。使用後に流すための水洗スイッチについてはこの双方から操作できる位置の配慮を行う必要があります。また、ペーパーホルダーについても双方使用できるよう、同様の配慮が必要になります。さらに、緊急時の通報装置については上記の双方(便器に移乗した状態、および車いすに乗った状態)に加え、床に転倒した場合の配慮が必要となり、それぞれから届くような位置に設置(複数設置したり、ひもを延ばしたり等)することが必要です。

Q．水栓スイッチの方式で、手かざしセンサーは視覚障害者にとっては押したことがわかりづらく不便ではないでしょうか？
　A．水栓スイッチについてはメーカー毎に様々な方式が開発されており、それぞれ長所、欠点があって標準化されていないのが現状です。指の動きが不自由な方にとっては簡単に操作できることの重要性が高いため手かざしセンサー方式が有効ですが、同方式を採用する場合は視覚障害者の利用に配慮して押しボタン式等を併設することとしています。

6−7 洗面器について

Q． 多機能トイレの洗面器には、姿勢の安定しない人のために手すりの設置が必要ではないでしょうか？

　A． 多機能トイレの洗面器の手すりは、車いす使用者にとっては車いすから便器へ移乗する際や方向転換する際の妨げになったり、手洗いの際にもかえって障害になる可能性がありますので、姿勢の安定しない人のためには洗面器自体の強度をとることで支える機能を確保する方法がよりよいと思われます。

Q． 洗面器にも温水設備を設置することがなお望ましいとなっていますが、温水設備を設置する理由は何ですか？

　A． オストメイトの方が、汚れた腹部等をタオルで拭う場合があります。この場合、冬期など冷たい水をふくんだタオルではおなかをこわしたりすることもあります。このため、洗面器にも温水設備があることをなお望ましいとしています。他にも重度障害の方がおむつ交換をする際をはじめとして、その他の内部障害者、高齢者等にとっても、特に冬場においては必要性の高いものです。今回のガイドラインでは、トータルのサービスレベルの問題として望ましいものとしていますが、障害のある方の外出機会が増加している状況を踏まえ、今後とも積極的に取り組んでいくことが必要な問題です。

Q． 鏡について、車いす利用者向けの15°程度傾斜の鏡ではなく平面鏡としているのはどうしてですか？

　A． 傾斜鏡は圧迫感があり、車いす利用者にとって概して不評です。また全国的に平面鏡の普及が進みつつある現状にもあります。これより、当ガイドラインでは平面鏡を標準的な内容としました。なお、利用者の上半身が映るように低い位置から十分な長さをもった平面鏡であることが望まれます。

6−8 扉等について

Q． 多機能トイレの扉に関して配慮すべきことにはどういうことがありますか？

　A． 扉には電動式と手動式が考えられます。手動式の扉の場合、軽い力で操作できるものを原則とすべきですが、自動的に戻ってしまうタイプは開けてもすぐ戻ってしまい、車いす使用者の方などにとって入室が困難な場合があると考えられるため、自動的に戻らないタイプとすることが必要です。また、手動式扉の内側の握り手は扉の左右両端に付け、車いす使用者の開閉のしやすさへの配慮が必要です。

Q．多機能トイレ内にカーテンを設置する必要はないですか？
　A．介助者が多機能トイレ内で待つ場合など考えると、カーテンの設置は必要です。しかし、燃やされる・破られるといった防火面やモラル面での問題点、さらに手すり代わりとしてカーテンを握られた場合は危険であるといった安全面での問題点があり、今回のガイドラインにおいては、カーテン設置については明記しませんでした（しかし、設置を否定するものではありません）。

6－9　その他配慮事項
Q．重度障害者に対しての多機能トイレの配慮はありますか？
　A．現在、駅施設等には重度障害者のためのおむつ交換シートが設置してある例はあまりなく、利用者は、多機能トイレ内の床面にビニールシート等を敷き、その上で横になって介助者によるおむつ替えを行う例もあります。そこでガイドラインにおいては、スペースの制約、目的外使用に対する懸念等も勘案した上で、重度障害者用のおむつ交換シートをなお望ましい項目として記載しています。この際、スペースの問題を解決するため、折り畳み式のシートとし、必要時以外は折り畳んだ状態として、車いす使用者にも利用できるよう配慮されています。なお、シートの畳み忘れがあった場合には利用できないといった問題も想定され、これを解決するために車いすに乗ったまま畳める構造、位置といった配慮もしています。

Q．視覚障害者のトイレ利用への配慮はありますか？
　A．視覚障害者は男性または女性のトイレがどちら側なのかわからず、女性の香水のにおいやハイヒールの音などでどちらかを判断しなければならないような場合があり、点字の案内板等があると確実に判断しやすく助かるという声がありました。そこで、点字による案内板等を設置することとしています。また、トイレの付属器具として水洗スイッチをセンサーの方式とするトイレもありますが、センサー式では視覚障害者の方にとってはどこにスイッチがあるのかわかりにくい点が問題となります。そこで、センサー式とする場合は押しボタン、手動式レバーハンドル等を併設することとしています。さらに、緊急時の通報装置は視覚障害者が必要なときは確実に押せるよう、また必要でないときは誤って押すことがないような配慮が必要となります。このため、点字等の貼付や、水洗スイッチなど他の装置と区別できるような形状とすること、またスイッチがオンになったことがわかるよう、音等で知らせるなどの配慮をすることとしています。

2.整備ガイドラインの評価

ガイドラインにおける多機能トイレの評価

横浜国立大学工学部建築学科
教授　小滝　一正

●

1．多機能トイレの意味とその配置

1）多機能トイレの意味

　このガイドラインでは、より多くの人々が使えるトイレを「多機能トイレ」と称している。まず、この意味について記したい。
　身体障害者や高齢者の使用に配慮したトイレにはいろいろな呼ばれかたがある。多目的トイレ、誰でもトイレ、ユニバーサルトイレなどである。名称だけでなく機能の設定にもさまざまな考え方がある。例えば、町なかでの個室として捉えて着替えの設備を備える、母親に連れられた男児のための小便器を備えるなどである。それをここで「多機能トイレ」としたのは、従来の旧ガイドラインでの名称に倣ったためでもあるが、排泄というトイレ本来の機能を最も重要視し、さまざまな人々の排泄に関わる機能的要求にできるだけ多面的に応えることを第一義としたためである。
　後で述べるように、この多機能トイレは従来の旧ガイドラインよりも、さらには自治体等で採用されているトイレの基準やガイドラインよりも利用者を幅広く想定している点に大きな特徴があるといえよう。

2）多機能トイレの配置

　また、身体障害者や高齢者の使用に配慮したトイレについて、その配置がいつも議論になる。すなわち、2メートル角程度の広いスペースをもったトイレを男女共用として1カ所設けるのか、男女それぞれトイレの中に設けるのかという問題である。
　男女共用トイレ（中性トイレ、ユニセックストイレなどとも呼ばれる）を1カ所設ける方式は日本で発達したものといえよう。わが国では面積の制約が大きいために1カ所で済まし、さらにその利用効率を高めるために多目的化するというふうになってきた。一方、アメリカでは男女それぞれに障害者が使えるトイレを設けるのが当たり前とされてきた。性別を旨とするトイレ

では当然のことと考えられたわけである。しかし、そのアメリカでも男女それぞれに設けるほかに、男女共用トイレを設置する傾向が出てきたという。それには介助者の存在がある。異性による介助を考慮する場合には男女共用トイレの方が都合がよいからである。

このガイドラインでも介助者の存在を重視すべきであると考えた。重度障害者が介助者を伴って外出するということがわが国でも多くなってきたし、高齢者の場合でも同様なので、今後の方向性として、男女共用トイレは十分にありうる形態であるとして、男女共用トイレの設置を一義的なものとした。ただし、男女トイレそれぞれに簡易型多機能便房を設けるものともしている。

2．さまざまなニーズへの対応

このガイドラインでは、利用者層を従来のものよりも幅広く想定している点を強調したい。オストメイト、視覚障害者、電動車いす、おむつを着用した大人などに対する対応である。

1）オストメイトへの対応

このガイドラインはオストメイトへの対応のさきがけである。今後の普及に期待したいところである。オストメイトへの対応に関しては別稿にくわしく述べられているので、ここではその概要と課題について記すにとどめたい。

オストメイト対応としてはパウチの洗浄設備が盛り込まれている。パウチの洗浄にはできれば汚物流しを備えることが望ましいが、汚物流しを標準装備とするにはやや無理があるので「より望ましい」レベルとしている。標準装備としては、便器を汚物流しとして利用するための給水栓を設けることとされている。そのような給水栓は病院用としてすでに開発市販されているが、このガイドラインでは上体の不安定な障害者や排泄に時間がかかる高齢者などに配慮した「背もたれ」を優先したので、病院用のものでは適切でない。そこでパウチ洗浄用の水栓を設けることとして、新しく開発を試みたものである。また、衣服やからだを汚した場合にできれば給湯を設備したいとした。

ただし、オストメイト対応がなにぶんにも新しい試みだけに、その発展を期待しつつも、今後の検討課題も残っているといえよう。例えば、パウチ洗浄用水栓の開発・普及・改良が必要とされるし、パウチを洗浄することには異論もあることなどの点で、まだ議論の余地があるかもしれない。また、このガイドラインで新しく提案されたオストメイトマークはわかりやすくて優

れたデザインであると評価されたが、すでに日本オストミー協会で普及を図りつつあるマークとの整合や国際的普及を図るための検討などの課題が残るだろう。

2）視覚障害者への配慮

　視覚障害者のトイレ利用に際しては、一般の狭い便房の方が適しているとみるのが普通である。しかし、盲導犬を伴う視覚障害者に関しては事情が異なり、盲導犬と一緒に入ることができる広い多機能トイレの方が適している。ただ、その際に問題となることに、便器洗浄ボタンと非常通報ボタンの区別が認識しにくいことと、種々の設備の位置が認識できないことにある。前者に対しては、両者のボタンの位置を離したり、手かざし式でないものにするなどの配慮が必要であるが、種々の方式がそれなりの意味をもっているために視覚障害者に最も適した方式だけを推奨しているわけではない結果になっている。

　また、前者・後者に対する対応としては設備方式の統一と設置位置の統一が望ましいが、現状では事実上それが困難であると判断せざるを得なかった。今後の検討課題である。

　なお、乳幼児のおむつ交換シート（ベビーシート）は標準装備としている。

3）電動車いすへの配慮

　近年、電動車いすを利用して外出する障害者が増加しており、今後もますます増えるだろうと思われる。

　電動車いすは回転に際して一般的に手動車いすよりスペースを要する場合が多く、従来普及している2メートル角のトイレでは寸法不足であって、2.2メートル角を確保したい。このガイドラインでは2メートル角が普及している現状を考慮したために、それを標準としたが、今後はできるだけ2.2メートル角に拡大することが切に望まれる。

　また、電動車いす使用者は多くの場合に上肢の力が弱いので、車いすから便器への移乗に前方アプローチ（便器に向かって前向きに進んで、いわゆる馬乗り式に移乗する）をとる場合が多い。また、脊髄損傷者などの手動車いす利用者の場合でも前方アプローチをとる場合がある。前方アプローチするには、便器の手前に洗面器などの突出物（既存の身障者用トイレには極めて多い）をなくす必要がある。ガイドラインで壁からの出が少ない洗面器を推奨しているのはそのためである。また便器の奥の部分に突起物があると邪魔なので、洗浄便座の操作部その他が突出しないようにする必要がある（先の

パウチ洗浄用水栓の操作部についても同じである）。

4）大人用おむつ交換シートについて

　高齢者等の大人がおむつを着用して外出することが多いので、おむつの交換に配慮する必要がある。いくつかのメーカーで大人用おむつ交換シート（折り畳み式）が開発・市販されている。日本道路公団で高速道路のサービスエリアのトイレで標準装備するものとしているのは、一つの見識であろう。

　このガイドラインの立案に当たっても、大人用おむつ交換シートの設置を標準化するよう提案したが、本来の目的外に悪用される恐れが高い、面積の点で困難があるなどの理由から異論が多く、より望ましいレベルにとどまった。大規模で利用客の多い施設などでは、ぜひ設置を望みたいところである。

　なお、乳幼児用おむつ交換シート（ベビーシート）は標準装備としている。

3．各種設備について

　多機能トイレの各種設備に関して、ガイドライン本文には示されていないいくつかの点について解説しておきたい。

1）設備の複数設置

　ガイドラインではいくつかの設備－便器洗浄ボタン・ペーパーホルダー・非常通報ボタンなど－について、「便器に座った位置と便器に座らない位置との両方から手が届く位置に設ける」とされている。便器に座った位置から手が届くことは当然だが、「便器に座らない位置から」というのは、必ずしもすべての利用者が便器に座るとは限らず、先に述べた脊髄損傷者の小用の場合、オストメイトが立ったままかがんでパウチ洗浄をする場合、また介助者が操作する場合などである。

　そうした場合を想定し、かつリーチの短い（手の届く範囲が狭い）障害者に配慮すれば、これらの設備は、事実上、2カ所必要になるだろう。

2）背もたれ

　障害者には上体の保持が不安定な人や、高齢者のなかには排泄に時間のかかる人が少なくないので、便器後方に背もたれを設ける必要があるので、ガイドラインでは背もたれの設置を標準装備としている。

3）可動手すり

横手すりは便器への移乗や姿勢の保持のために必要不可欠のものであるが、便器への移乗のしかたによっては邪魔になるものでもある場合がある。さまざまな移乗方法に対応するために可動手すりとして、従来は、水平回転型の可動手すりが一般的とされてきたが、それがスペースを要するから、垂直跳ね上げ式を採用する方がよいと思われる。ただし、使い勝手についてのより詳しい検討が必要ではあろう。

4）荷物置き台・フック

トイレには持ち物の置き場所を考慮する必要があるが、このガイドラインでは必ずしもそれが明確に示されてはいないのが事実である。汚物入れの蓋の上に置くか、荷物掛けフックに掛けることになろう。

4．今後の課題

最後に、多機能トイレまたは障害者用トイレについての今後の検討課題についての私見を記してみたい。

1）多様なニーズを汲み取ること

障害者や高齢者のトイレに対するニーズは実に多様であり、障害の種別や個々人の状態によってさまざまに異なる。「排泄」という誰にとっても生きるために必要な、しかも切実な生活行為である。

公共施設としての公共トイレがそのすべてに対応できるとは限らないことを事実として認識する必要があるだろうが、しかし、それでもなお、多様なニーズを丹念に汲み取ってトイレの計画を考察する必要がある。

2）重装備であることについて

それに比べてわが国の障害者用トイレのつくりは、世界に希なほどきめ細かいものといえよう。

このガイドラインの多機能トイレもそうした路線に準じた内容をもっている。

しかし一方で、欧米諸国の障害者用トイレをみると、広さは確保されているものの、設備は手すりがついている程度でしかなく、極めて単純なつくりであるのに対して、わが国の障害者用トイレが自動ドア、可動手すり設置、さまざまな操作ボタンなど、かなり重装備であることに対する反省が全くないわけではない。しかし、彼我の違いの要因には、障害者とその自立に対す

る社会の理解度や認識の違いといった社会的背景の違いがありそうであり、またリハビリテーション訓練の程度によるところもありそうなので、そうした背景を抜きに議論しても益ないことであろう。わが国のような種々の配慮が行き届いた障害者にも使いやすいトイレをさらに洗練されたものにしていくことが課題となろう。

3）面積の確保

望ましい障害者用トイレをつくろうとする時に、実際上の大きなネックになっているのが面積の問題であるといってもよい。大規模な公共施設においてさえ、計画のはじめからトイレの面積が不当に小さくしか想定されていない場合があまりにも多いのが実態である。

豊かになったわが国において生活の根幹であるトイレに対して適切な面積を割り当てることが求められる。

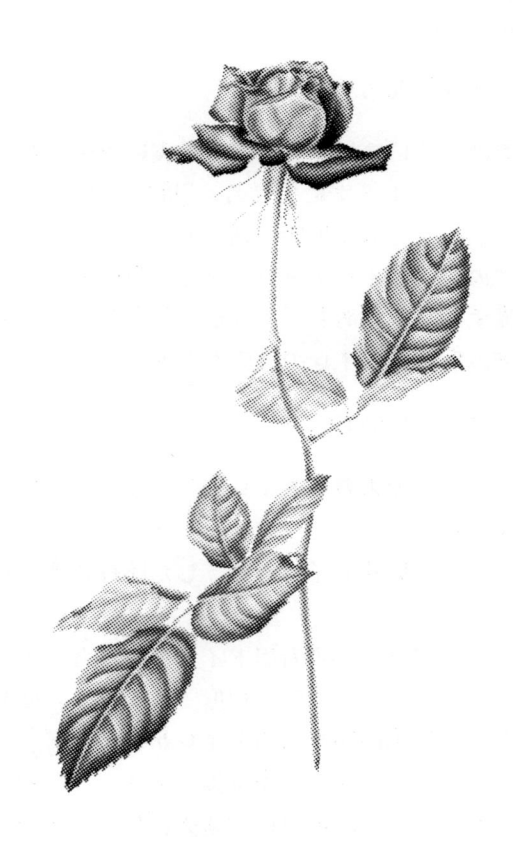

男女別の簡易型多機能便房について

一級建築士事務所　アクセス プロジェクト
川内　美彦

●

1．概観

　わが国ではこれまで、高齢の人や障害のある人が社会に関わっていくために必要な環境整備が十分に行われてこなかった。そしてそれ以前の問題として、高齢の人や障害のある人が社会に関わっていくことが人間らしい生活を営む上で極めて大切なことであるという視点に気付くことが非常に遅れ、さらに高齢の人や障害のある人の社会参加を阻害する要因が既存の社会環境の中に多く存在し、その環境を改善していくことが重要なのだという認識が、社会的に共有されてこなかったと言うことができる。

　しかし90年代に入って高齢社会への急速な移行や障害のある人の社会活動意欲の増大など、さまざまな状況の変化の結果、その環境整備を進めようという合意が社会の中に少しずつ形成されてきた。トイレはこの環境整備において真っ先に取り上げられた問題で、それだけニーズが大きく、人間の尊厳にも関わる深刻な問題であり、それゆえに整備においても高い優先順位が必要な事項だった。

2．専用化への要求

　その結果、少しずつ車いす使用者の利用を想定したトイレが増え始めたが、それに安心感を得て、より多くの、そしてより重度の車いす使用者が外出するようになってきた。また車いす対応便房の使いやすさが知られるようになり始めると、一般便房より広いスペースを必要とする人や腰掛式便器の方が使いやすい人の利用が増えはじめ、以前は行けばたいてい空いていたのが、最近は待たなければならないことが多くなり始めてきた。

　待つことは公衆トイレでは仕方のないことだが、車いす対応便房については一人の占用時間が長いことや身体的な事情で我慢ができない人が比較的多い等のため、いざというときに当てにならないという不満があり、車いす使用者に限った専用化を求める意見も根強くあって、「一般の方はご遠慮願います」といった張り紙をしたものも散見される。（写真1）

車椅子専用トイレ
一般の方はご遠慮願います

　しかしながらこのようなやり方は、あそこは一般の人は使ってはならない場所だという、障害のある人を特別な存在だと見る雰囲気を醸成してしまうし、さらに車いす使用者以外にも広い便房を必要としている人たちがいるのに、その人たちを切り捨てることにもつながってしまい、決して望ましい解決方法だとは言えない。
　問題は、多様なニーズに対して車いす対応便房ですべてを引き受けようとしているところにあり、それを張り紙ではなく、トイレ全体の計画の中でいかにして解決していくかが求められているのである。

3．利用の整理

　車いす使用者をトイレの利用状況で整理すると、まず単独利用か介助が必要かに分けられ、後者は同性介助と異性介助に分けられる。わが国のアクセシビリティ整備において一つの目標となっているアメリカでは、アクセシビリティ整備は障害のある人が社会に平等に関わっていくために必要な環境を作るためだという明確な目標がある。したがって例えばトイレについても、車いす対応便房を特別扱いするのではなく、一般トイレの中に車いすに対応した便房を設けているし、例えばカリフォルニア州法では、一般トイレが男女別なら車いす対応便房も男女別に、一般トイレが男女共用なら車いす対応便房も共用にと、徹底して同等な扱いを求めている。これはこれで一つの考え方ではあるが、このようなアメリカのやり方は異性介助の時には問題が起こる。
　本人と介助者の性が異なる場合、アメリカのように一般トイレの中に車いす対応便房があると、どちらに入ればいいのだろうか。車いす使用者の立場としても介助者の立場としてもどちらにしても入りにくいことは容易に想像でき、現実にアメリカでも、最近は前述したような性別に分けた便房に加えて、共用のいわば中性便房が設けられた例も現れている（写真2）。異性介助を無くせばいいという意見もあるが、介助者を確保する困難さや、夫婦間

や親子間など家族による介助が広く行われている現状では、異性介助はそれほど簡単にはなくならないだろうと思われる。

4．性別の分離

　ともかく以上のような経緯で、わが国では車いす対応としての中性便房が男女トイレの中間に作られてきた。これは面積に制限がある中で可能な限りニーズに応えようとする工夫によって生まれたものではあるが、案の定といおうか、単独利用者や同性介助による利用者からは男女の分離が求められてきた。これは一般トイレが男女別に分けられているという点からみれば当然の要求ではあるが、これまでのトイレより広い面積が必要になってくる話であり、特に商業ビルでは収益の上がる部分の面積確保が第一に優先されるため、なかなか実現してきていない。

　性別を分けながら異性介助を可能にするために、男女各トイレの入り口近くに車いす対応トイレを設けた例があるが、先述した面積の問題もあって、その例は限られている。

　トイレは往々にして、建物の平面計画で一番軽視されているところかも知れない。まず必要な諸室を優先的に配置していって、残ったところにトイレをということになると、トイレ設計にルールを当てはめる困難さが大きいのは当然である。例えば視覚障害のある人からは「男女の区別が分からない。入り口の配置が常に（例えば）右側が男性用といった決まりはできないものか」といった希望が出されるが、設計現場にこのような発想は伝わりにくい。

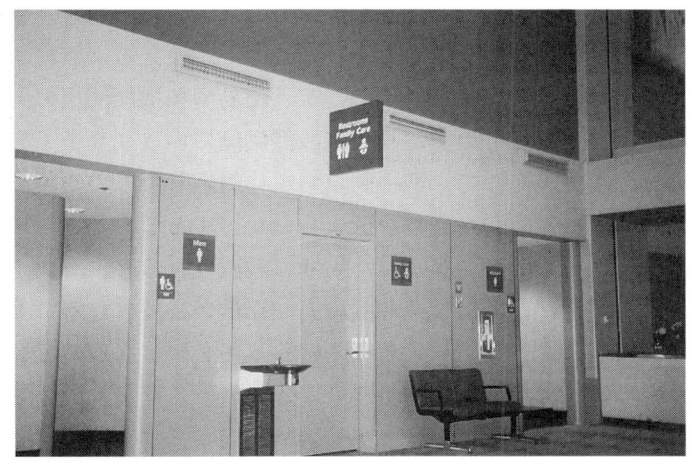

中央のドアが中性便房。ここでは「ファミリー・ケア」と呼んでいる。

5．簡易型多機能便房の発想

　男女別が一般的なのに車いす対応便房だけが共用というのは、やはり何とか解決したい問題である。かといって、一般トイレの中に共用と同じ大きさの車いす対応便房を設けることは、前述したようなトイレ設計の現実からするといまだ困難が大きく、その折衷案として本ガイドラインでは、一般便房の大きさに近く、しかし車いすが使えるものとして、簡易型多機能便房を盛り込むことになった。

　既存のトイレを見ると、特に最も奥まった部分にある便房などは工夫次第で広げる余地があるものと思われる。また子供をベビーカーに乗せて外出したり、高齢の人が手押し車を押して歩いたりすることが一般的になってきたという社会的な変化や、駅などでは大きな荷物を持っている人も多く、用を足すときにそれらを同じ便房の中に入れたいという希望があってもこれまでの便房の寸法ではそれを受け入れることができなかった。従って広めの便房はあながち車いす利用者のためだけとはいえないという現実もある。

　先ほど折衷案と述べたが、一人で用を足せる車いす使用者の場合、使用している車いすも比較的小さい傾向があり、必ずしも大型の便房ほどのスペースがなくてもトイレの利用が可能な場合が多いという根拠もある。つまり、介助者を必要としたり大型の車いすを利用したりしている人には従来型の車いす対応便房を利用していただくとして、小さな車いすを使っている人には簡易型多機能便房も利用可能にしようという発想である。

6．簡易型多機能便房の大きさ

　では一体、簡易型多機能便房としてどのくらいの大きさのものが必要なのか。

　先述したように、簡易型は必ずしもすべての車いす使用者を対象にしようと考えているわけではない。できるだけ多くの人が使えるようにするためには便房は大きめのほうが望ましいわけだが、簡易型多機能便房の考え方そのものが初めて提案されたものであり、施設提供側にいきなり多くを求めることは現実的ではない。そこで小型手動車いすに対応したものを整備レベル、標準型手動車いすに対応したものを望ましいレベルとした。さらに簡易型多機能便房が一般トイレの最も奥まった場所に設置されると、車いすが便房に直進して入れる場合だけではなく90度の方向転換が必要になることもあり、その場合は直進型に比べてやや大きなスペースが必要になるので、便房の必要寸法については正面からと側面からの二つのケースによるアプローチを想定している。

　かなりの車いす使用者が一般トイレに入り込んで、無理な体勢で、あるい

はプライバシーのない状態で用を足しているという利用の現実もあり、今回提案された簡易型がこのような状況を改善するのに役立てばと思う。

7．利用のルール

　今回定めたものはハードを作るときのガイドラインであり、その利用のルールについては言及していない。また前述したように、車いす使用者以外からの広めの便房に対するニーズもあることから、簡易型多機能便房の普及には利用のすみ分けがうまくいくかどうかが重要だと思われる。もちろん簡易型であろうとなかろうと、多機能便房は「専用」ではなく、そこを必要としている人が自由に使うことが望ましいわけだが、その一方で、先述したように身体上の何らかの事情のために我慢のできない人たちがいて、この人たちが優先的に使えるような社会的なルールが定着する必要があるだろう。

　いかに多機能便房や簡易型が整備されても、今回提案されたのは公共交通施設に関してのみであり、町全体としてはいまだに絶対数の少ない中での制限された選択肢しかないという現実が劇的に改善されるわけではない。従って社会的にうまく使いこなせるかどうかによって、将来への試金石としての評価が大きく左右されるものと思われる。

車いす使用者の立場としての
トイレ新ガイドラインの評価

全国脊髄損傷者連合会

会長　妻屋　明

●

1．当事者参加による新ガイドライン

　1983年の公共交通ターミナルにおける身体障害者用施設整備ガイドラインが策定される以前、車いす使用者が実際に社会生活をしていたにも拘らず駅やターミナルには狭く段差のある使用不可能なトイレしかなかった。その後1994年にこのガイドラインは高齢者もその対象者に加えられ改定された。その頃から車いす使用者は限られた範囲ではあるが、漸く公共交通機関を利用するようになってきた。それでもトイレのあるところには必ず障害者用トイレが存在したわけではなく、依然として厳しい環境下に置かれていた。

　しかし、今回のこのトイレ新ガイドラインは策定にあたって、車いす使用者など障害当事者が参加したことにより、ごく当たり前の「どこでも、誰でも普通に使えるトイレ」へと大きく前進させたといえる。

障害者の主張と願い

　医療技術が進歩し福祉機器の目覚しい発展に伴いどんなに障害が重くとも社会全体がその障害者を受け入れようとする環境が整備されてさえいれば社会、経済、文化その他すべての社会活動に参画することが可能になる。と同時に障害者の障害が軽減されるのである。

　そして、障害者であっても一人の人間としての尊厳が守られ、それぞれの能力が充分発揮できる社会こそ障害当事者が求めている社会なのである。

　高齢者や障害者の中でも特に車いす使用者の社会参加に最も重要なのは移動の自由が保障されることであり、公共交通機関のバリアフリーはその基本的な条件だ。

　しかし、このような移動制約者である障害者の主張と切実な願いは、これまで長い間無残にも本当の意味で理解されてこなかった。その結果、障害者は公共交通機関を利用することが困難な時代が長い間続いてきたため、今では車いす使用者などは電車やバスの利用の方法が分らず、駅やターミナルなどへは近寄らなくなっている。

交通バリアフリー法および移動円滑化基準が施行されたことにより、交通事業者がエレベーターや障害者用トイレなどの旅客施設と車両などの必要最低限の整備基準が定められたことや、今回の新ガイドラインが策定されたことにより、車いす使用者は今すぐ便利になるというものではないものの、これからの公共交通機関の利用にある一定の期待が持てるようになった。

障害者が自立して普通の人々と同等に社会生活を送るためには福祉制度やバリアフリーな環境整備が重要な要件になるということを、国民全体が名実ともに理解していくことが何よりも大切なことである。

人は何時でも誰でも障害者になる可能性を秘めている。交通事故をはじめとして転倒などにより脊髄損傷は年間約5,000名も発生しているというデータがある。また、その一方で障害者にならなくとも誰でも老いという障害は避けて通れないという現実があることを考えると交通バリアフリー法は単に高齢者や障害者のための法律ではなく広く国民全体のための法律であるということを改めて認識することが必要である。

2．障害者用トイレの重要性

車いす使用者は車いすを使用しなければならない身体的な理由がある。

その多くは麻痺による下肢障害と四肢麻痺または片麻痺の障害で歩行が困難となり車いすを使用することになる。

また、単に歩行困難だけではなく特に脊髄損傷者や頚髄損傷者は直腸障害、膀胱障害を併せ持っているため排泄機能に障害があるのが特徴である。

つまり排尿や排便のコントロールが困難となることから、社会生活の妨げになることが度々あり車いす使用者を悩ませているのが実態である。

従って車いす使用者は、すべての一般公共施設のトイレには必ず障害者用トイレを設置されていて当然であると強く主張し続けている。

「利用者が少ないから」や「場所がない」「予算が無い」から整備しないというのでは障害者や車いす使用者を排除することに繋がり、何時まで経っても障害者は自立することも、また社会参加もできない。というのが車いす使用者の言い分である。

事実、1994年にハートビル法が制定される以前は障害者の社会参加は困難を極め、街には障害者用トイレが極限られた場所にしかなかった。女性も男性も車いす使用者はオムツをしなければ外出ができない時代であった。

しかしハートビル法が制定されたことがきっかけとなり社会的にも大きく理解が深まり公共施設にはスロープや障害者用トイレの整備が徐々に進み、現在ではホテル、デパート、スーパー、福祉施設などあらゆる公共施設に障害者トイレが設置されるようになり、それに比例するように車いす使用者の

社会参加も飛躍的に促進されつつある。

　このことを考えれば障害者用トイレの普及は車いす使用者にとってどれほど重要なことであるかがわかる。

　今ではそれとは逆に車いす使用者は障害者用トイレの無い所を敬遠するようになってきている。

　それは電車の駅や交通ターミナルだけでなく街のレストランやスーパーであっても障害者用トイレの無い所は当然利用できない施設と判断し、いくら社会参加が重要であっても、もしも大や小の失禁をしてしまったら元も子もなくなるため無理をしてまで出かけることはしない。それほど障害者用トイレの存在は大きな意味を持っているのである。

3．新ガイドラインに対する主な評価

［多機能トイレについて］

　まず、移動円滑化基準では身体障害者用トイレと示されているが、トイレ新ガイドラインでは「多機能トイレ」という名称が新たに初お目見えすることになった。

　多目的トイレはその機能において、これまでの車いす使用者など身体障害者専用から高齢者、妊婦、幼児連れの人、そしてまたオストメイトまでその利用対象者が広げられた。

　1994年に改定された「公共交通ターミナルにおける高齢者、障害者等のための施設整備ガイドライン」の改善点について意見を求められた私は、利用者の対象範囲が広がる傾向があることや、また将来的な見地からも「身体障害者用便所」という記述を変え、オストメイトや杖をついた高齢者、また幼児連れの人が利用できるユニバーサルトイレの設置を主張した。

　また、そのことで利用する対象者も増えることからトイレの数を増やし、男女別各一カ所設置することを提案した。

　しかし、新ガイドラインは結果的に「多機能トイレを身体障害者等が利用し易い場所に男女共用のものを1以上設置するか男女別にそれぞれ1以上設置する」となり、その数では「2カ所以上設置する」とまではいかなかった。

　いずれにしても多機能トイレは前述したように、利用対象者や利用頻度が多くなることから1カ所しか設置されなかった場合、もしも混んでいた場合などを想定すると、それぞれの利用者が順番待ちになる。排泄障害のある車いす使用者が果たして失禁することなく待ち切れるのかということが少々不安である。

新ガイドラインでは、それらの不安を解消するために「なお望ましい」というレベルではあるものの「男子用トイレ、女子用トイレのそれぞれに1以上の簡易型多機能便房を設置することがなお望ましい」という新しい考え方が採り入れられた。

簡易型多機能便房はスペースが90cm×190cm及び110cm×220cmと比較的小さな面積で、しかも介助が不要な車いす使用者も利用できるという特徴があり、一般トイレの奥の方に男女別にそれぞれ1カ所でも設置されていれば多機能トイレが多少混んでいても安心である。

しかし、設置する事業者側にしてみれば設置するスペースや空間的に制約があるという理由で、検討委員会では設置困難であるなど消極的な意見が多く見られ、希望どおりに設置されるかどうか楽観はできない。

[男女別設置と左利き用と右利き用]

確かに「障害者用トイレは男女共用でもしかたがない」というのは障害者を差別するものだ。だから「障害者用トイレは男女別にそれぞれ1以上設置するべきである」という私の見解は、従来からの障害当事者の意見でもある。また、パブリックコメントでも同様の意見があった。

しかし、障害者等がトイレを利用する際は、女性の介助者と男性障害者の場合と、反対に男性の介助者と女性障害者の場合がある。「女性介助者が男性用トイレに、また男性介助者が女性用トイレに入るのは抵抗がある」という障害者を介助する人としてのもう一方の意見もある。

このことを考え併せると多機能トイレを2カ所設置する場合には、あまりはっきりと男女の区別をしてしまうと、せっかくのトイレがかえって利用し難いトイレになってしまう恐れがあるということが分り、結局新ガイドラインでは柔軟性を持たせた「異性による介助を考慮すれば男女共用のものを1以上設置することがなお望ましい」という結論となった。

また、同時に男女共用のトイレを2カ所設置する場合は右利き用、左利き用にも配慮することで使い勝手の良いトイレにすることも可能となる。その上車いす使用者にとっても使用する上で選択肢が広がるという利点があり、この場合でも男女の区別をするよりは男女共用の多機能トイレの方が有効であるといえる。

（多機能トイレの右利きと左利きについての説明）

車いすから便器へ移乗する場合も障害の程度などによって右からしか移乗できない人と、左からしか移乗できない人がいる。また前向きでしか移乗できないという人もいる。いずれにせよ障害者がそれぞれ障害の程度が違っていてもあきらめず残存能力を精いっぱい生かして自立しようとしている。

「付属器具の位置と配置」

　多機能トイレ内に水洗スイッチをはじめとして小型手洗い器（なお望ましい）やペーパーホルダー、荷物をかけるフック、洗面器、汚物入れ、通報装置などが設置されるが、車いす使用者もさることながら特に視覚障害者にとって、全国どこのトイレでも付属器具の位置や配置が統一されていることが利用し易いトイレであるということも設置する事業者は認識しておく必要がある。

　また、トイレを利用する際、収尿器を装着している車いす使用者は便器に移乗することなく排尿作業を行なう場合があり、水洗スイッチは新ガイドラインにあるように「便器に腰掛けた状態と、便器に移乗しない状態の双方から操作できるように設置する」とされた。

「おむつ交換シート」

　新ガイドラインの多機能トイレには、乳児用オムツ交換シートを設置することになった。その一方で、重度障害者のオムツ交換やズボンなど衣類の着脱用に折りたたみ式のオムツ交換シートの設置が検討されたが、結局設置は「なお望ましい」というレベルに留まった。

　乳幼児または障害児を連れている親や介護者にとっては、オムツ交換シートが設置されることで乳幼児や障害児をトイレの床に直接寝かせることなくオムツ交換ができるようになり懸案であった問題が解決する。しかし、成人になった車いす使用者のオムツ交換はどうするのかという古くからの問題が依然として残る。だれでも使えるトイレということをを考えれば「なお望ましい」に留まらず可能な限り設置することが必要だ。

4．当事者参加の委員会

　車いす使用者の団体として約40年間に亘りバリアフリーな社会環境を求める運動を続けてきた中で、平成12年11月の交通バリアフリー法の施行は、私たち車いす使用者にとっても実に感慨深いものであった。

　車いす使用者はこれまで公共交通機関を利用することができなかった時代が長い間続いていた、という悔しい思いが今改めて甦ってくる。

　電車を利用しては駅の職員に「なぜ事前に連絡しないのか」と怒鳴られたり、路線バスを利用すれば「もたもたするな」などと他の乗客にまでひどい暴言を浴びせられてきた。

　しかし、車いす使用者に瑕疵があったわけでも、また、そんなに社会的マナーが欠落していたわけでもない。それは単に、車いす使用者の乗客に対応

できる法律や設備が整備されていなかっただけのことであり、障害者にとって実に屈辱的な時代であった。

　公共交通機関である交通事業者はこれまで車いす使用者など移動制約者に対する配慮が不十分であったと同時に、そのためのコストを省いてきたということを考えれば、バリアフリーな施設整備は移動円滑化基準のレベルのみに留まらず、この新ガイドラインに沿った施設整備に積極的に取り組むことを求めたい。

　当初この新ガイドライン検討委員会の、特にトイレ研究会に臨むにあたり、車いす使用者の立場を代表する者として発言せずにはいられない問題点が山積していた。

　今回のトイレ新ガイドラインではこれまで述べたように、立ち上がり時点から私のような障害当事者を委員に組み込み、決して学術的ではない、車いす使用者の皮膚感覚を基にした意見がしっかり採り入れられた。

　とかく障害当事者側からの視点に欠ける、という行政サイドのこれまでの対応とは違う画期的な取組みであったという評価は、充分されてしかるべきであろう。

　これらの整備にあたる事業者側も是非とも移動制約者のための社会参加を促進させるために、この新ガイドラインを真摯に受けとめ実現して下さるよう願ってやまない。

3.トイレ研究会の成果と今後の課題

新ガイドラインと
オストメイトのQOL向上

㈳日本オストミー協会

会長　稲垣　豪三

●

1．オストメイトの排便、排尿処理

　オストメイトとは人工肛門や人工膀胱を保有する者のことをいいます。現在、オストメイトは全国で20万人以上と推定されています。直腸がんや膀胱がんなどのため、外科手術により肛門や膀胱が摘出され、それらの代わりに「**ストーマ**」と呼ばれる新しい排泄口が腹部に、腸や尿管の断端を引き出して作られます。「**ストーマ**」には括約筋がなく、便意や尿意を感じない為、排便や排尿をコントロールすることができません。従って、補装具（蓄便袋、蓄尿袋）を「**ストーマ**」の上に装着し、排泄される便や尿をその補装具に溜め、ある程度、溜まったところで便や尿をトイレに流すなどの方法で処理しています。特に、手術を受けて日の浅いオストメイトは下痢に悩まされることが多く、1日の排便処理の回数が増え、いつも「**ストーマ**」と排便処理のことで頭を悩ましているのが通例です。また、補装具は腹部に貼って装着するので、貼り方が不充分だったり、汗をたくさんかいたりした時には、便や尿が補装具を貼ったところから漏れ出し、衣類を汚すことがあります。外出先でこの様な事態が発生すると正にパニック状態に陥ります。日本オストミー協会のアンケート調査では50％以上の会員が外出先でこの様な事態に遭遇した経験があると答えており、多くのオストメイトが外出を控えるようになっています。外出先での排便、排尿処理がオストメイトの社会復帰の大きな阻害要因であります。

2．オストメイト対応トイレ設置の運動

　1995年、日本オストミー協会・千葉県支部の1会員が「オストメイトが外出先で安心して使えるトイレが欲しい」と街頭に立ち、ちらしを配って道行く人に訴えました。この会員も外出先での排便処理で、大変つらい経験をし、オストメイトが使い易いトイレの必要性を強く感じていました。同じ千葉県支部の仲間がこの訴えに賛同し、一緒に街頭に立って訴え、その結果、地元商工会議所婦人部の方々の理解と協力を得ることができました。そして

市役所の中に、既存トイレの改装という形で、オストメイト対応トイレの第一号が完成したのです。

その後、日本オストミー協会に所属する全国66支部の働きかけにより、多くの地方自治体のご理解が得られ、県庁庁舎、市役所、公民館などにオストミー対応トイレが設置される様になりました。昨年行った日本オストミー協会の調査によると、設置済および設置計画中のオストミー対応トイレは全国で70カ所に及んでいます。しかしながら、設置されている場所は地方自治体の関連する建物に多く、これですべてのオストメイトが安心して外出できるようになったというものではありません。

3．オストメイト対応トイレとは

オストメイトにとって使い易いトイレとはどんなトイレなのか。結論からいって、現時点では「これがオストミー対応トイレです」という完成した設計図はありません。オストメイトの中には人工肛門の人、人工膀胱の人もおり、さらに、人によりトイレでの処理の仕方が違います。また、溜まった便や尿を補装具から捨てるだけの場合と補装具から便や尿が洩れてしまった緊急時の場合など全く処理の仕方が変わります。

では、オストメイトにとって最も望ましいトイレとはどのようなものなのか。要求される主な機能を列記すると次の様になります。

① 脱いだ衣服や手荷物を置いたり、壁に掛けたりする物置台やフックがあること。
② 便や尿を流せる大便器や汚物流し台があること。
③ 汚れた補装具が洗える水洗器具があること。
④ ストーマや周辺の皮膚を洗浄できる温水が出るシャワーがあること。
⑤ 補装具を装着するのに必要な姿見用鏡があること。
⑥ 使用済の補装具を捨てる汚物入れがあること。
⑦ 充分な量のトイレットペーパーがあること。
⑧ 換気扇など換気設備があること。
⑨ トイレの入り口に「オストメイトが使える」旨の表示があること。

この様な機能を完全にカバーするトイレが最も望ましいのですが、「コスト」「スペース」「使用条件」「メンテナンス管理」などの制約条件があります。さらに、他の障害者等の使用に支障をきたさない配慮が必要になります。設置される場所、条件によってその都度、最適な配慮が要求されます。

なお、オストメイトが使い易い便器の技術的な開発も強く要望されます。オストメイトは一般的には、便器に腰掛けて排便、排尿処理をしませんので、例えば、オストメイトがトイレの中で、便器に向かって腰を曲げなくて

もよいように、便器がストーマの位置まで上に移動するような特殊便器も考えられ、ヨーロッパの国々では既に実用化されていると聞きます。いずれにしろ、家庭用トイレの便器を含み、今後のメーカーの研究開発に大きく期待をしています。

4．新ガイドラインが与える大きな影響

　昨年10月、「身体障害者用トイレに関する分科会」（トイレ研究会）に初めて出席したとき、国土交通省、交通エコロジー・モビリティ財団の関係者およびトイレ分科会委員の皆様がオストメイトに対する関心が非常に深いことを知り、大変うれしく感激しました。同時に、同じ障害者として、車いすを使用している方々が如何に排便、排尿処理に苦労なさっているのかよく理解できました。同じ限られたスペースの中で、オストメイトにとって必要でかつ便利なもの、例えば洗面台の下に取り付けられる温水装置が車いすを使われる障害者にとっては大変危険な付属品であったりします。障害者同士、お互いに理解しあうことが重要だと感じました。

　新ガイドラインにオストメイト対応トイレが導入されたことは大きな意義があります。第一に、大便器の中に補装具の洗浄ができる水洗器具、汚物流しを設置するなど、オストメイトが使い易いような配慮がなされるので、排便、排尿処理が格段に楽になること。現状では、大便器の中に手を入れて処理をしなければなりません。

　第二に、入り口にオストメイトが使用できる旨、明確に表示がなされることにより、オストメイトがトイレを気兼ねなく使用できること。

　第三に、一番重要なことですが、JRなどの主要駅トイレの入り口にオストメイトの「マーク」や「オストメイト」という言葉が表示されることにより、社会全般の人々のオストメイトに対する関心を高めることが期待されます。

　オストメイトは、排泄という行為に伴う障害の為、閉じこもりがちになり、オストメイトであることを隠そうとしているのが現実です。オストメイトは全国で20万人以上いると推定されていますが、未だに多くのオストメイトが外出を控え、世間体を気にしながら、一人で悩んでいます。今回のトイレ研究会で議論された新ガイドラインの実施により、社会全般にオストメイトに対する理解と認識が高まる契機となればこんな喜ばしいことはありません。オストメイトに対する社会の理解がオストメイトのQOL向上につながるものと確信しています。

障害者参加による議論を通して

日本トイレ協会
事務局長　上　幸雄

●

1．トイレ研究会で議論し、目指したこと

　公的空間でトイレが占めるウェイトはごく限られている。道路・通路、広場、公園などに比べれば、面積的にはきわめて小さい。にもかかわらず、公共空間のなかでトイレが占める位置づけは決して小さくない。排泄行為が人間にとって例外なき生理現象であり、いつでもどこでも、ほんの短い予告とともにやってくるからである。そのことは極言すれば、トイレなき施設は人間行動を基本的に受け入れていない、ということもできる。

　一般に商品を開発し、マーケットを確保しようとする場合、男か女か、年代は、階層や職業は、などいろいろな角度から検討し、ターゲットを絞り込む。しかし、トイレの場合、先に述べた人間の排泄行為の特性から、対象を絞り込むというわけにはいかない。普遍性を求められ、最大公約数的な施設整備を要求されることになる。現在までのところ、設置条件、予算、政治的・経営的判断などによって、ある種の妥協が許されている。

　今回のトイレ研究会の議論は、こうした原則論や本質論に迫ることがどこまで可能かを探る真剣な議論が交わされたと思う。それを可能にしたのは、さまざまな障害をもった方々との議論であった。いろいろな分野や立場の人たちが同席した場合、ともすれば、個々のメンバーが我田引水・利益誘導型に陥りやすい。が、ここでは冷静な議論を通して、大きな枠組みから具体的なデイテールまで、多くの施設が受け入れ可能なスタンダードを示すことができたと思う。

　そこで、この新ガイドラインを今後どのような形で全国に普及・発展させていくか、ここでの議論の方法が今後も活かせないか、について簡単に私見を整理したい。

2．新ガイドラインをどう広めていくか

　この新ガイドラインは完璧とは言い難いだろう。いずれ手直しを迫られる運命にあると思う。新ガイドラインがまだ動き出さないうちから、このよう

な言い方は不謹慎かも知れない。しかし、現実を考えるとそういわざるを得ないし、実際、新ガイドラインのなかには各所に、個々の判断を求めるような弾力的表現も含まれている。

今後、この新ガイドラインをよりよいものとして、施設に適応していくためには、以下のようないくつかの問題点を克服していくことが求められる。
① 実際、運用を始めると、現実とのギャップが見えてくる（運用）
② 利用者が多様なことから、使い勝手や意見も多様性がある（利用者）
③ 地域特性を反映させることを考慮する必要性がある（地域）
④ 社会ニーズは常に変化することから、それに対する柔軟性が求められる（社会）
⑤ 空間から設備に至るまでより良いものに変えていく姿勢が求められる（改善志向）

今回の新ガイドラインは考え方によっては、取りあえずの約束ごとであり、目指すべき方向ということもできる。法律も常に新しく作られ、既存のものは改正されるべき運命にある。この新ガイドラインも、いずれは変えられるかもしれない。しかし、いまはこの新しい約束ごとをいかに素早く、的確に、国内の隅々まで浸透させていくかが大きな課題といえる。そのための広報・PR活動が重要である。

そのためには、この新ガイドラインをベースに、地域ごとのガイドライン、組織ごとのガイドラインを作成するための検討組織が必要である。ここでも、当然のことながら、多様な人たちとの議論を前提とすべきだと思う。

3．トイレ研究会での議論形式を広められないか

トイレ研究会ではさまざまな立場の方々との意見交換が基礎にあった。それは人が行動する場合の知らない側面を知り、時には、意見が合わないこともお互いに確認することができた。たとえば「車いす用トイレ」とか「障害者トイレ」という呼び方をしてきたトイレをどう呼ぶかが議論となった。当然、使う人をどこまで限定するか、あるいは、誰を優先するかで意見が分かれる場面もあった。新たな約束ごとを作る場合、あるいは新しい商品開発をする場合、これは当たり前のことのように思える。しかし、現実はそれが十分できていない。公共空間や公共施設を作る場合ですら、それが十分なされているとは言い難いのが現実である。

トイレのような小さな施設ではこれまでなおさらであった。作る側の論理が先行し、使う側の意志は往々にして無視されてしまう結果となる。多くの場合、意見を聞く手段を持たないか、面倒な回り道は避けて通りたい、という気持ちがそうさせてしまっているようである。

図　バリアフリー化やユニバーサルデザイン導入時の高齢者や身体障害者からの
　　意見把握について
　　　①設置場所、状況によって違う（63）
　　　②特に聞いてない（63）
　　　③福祉のまちづくり条例にそって聞いている（59）
　　　④現在は行っていないが今後は意見の把握に努める計画（37）
　　　⑤実施設計段階で意見を聞いている（25）

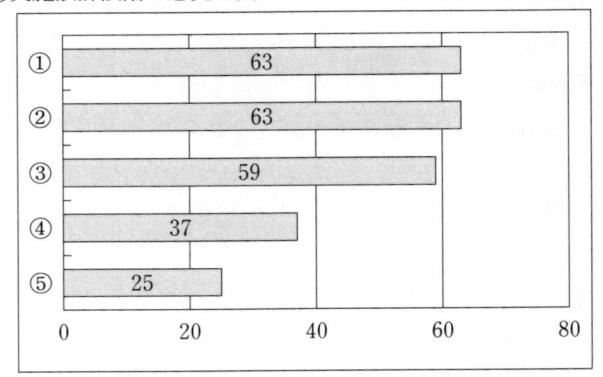

　［市民参加］という行政手法が、それこそ市民権を得てきて、まちづくりのあり方も変わりつつある。公共トイレの作り方も着実に変化しつつある。多様な人たちが、多様な方法で、多様な生き方を可能にするためには、どのようなトイレが必要なのかについての議論も活発になってきた。
　だれもが安心して使える公共トイレをどう作るかが問われている。それを可能にするのが、利用者の声を聞くことである。図は2000年12月に全国の自治体（都道府県、市）を対象に日本トイレ協会が行った調査である。ここにも示されているとおり多機能トイレの利用者である高齢者や障害者の意見を聞くということがそれほど多くない。利用者の声を聞き、それを設備に反映することができれば、もっといい公共トイレがつくられるはずだ。そのモデルが今回のトイレ研究会での議論に示されていると思う。バリアフリーの第一歩は利用者の声を聞くことから始まると思う。

トイレメーカーとしての
バリアフリー化への取組み

日本トイレ協会会員　東陶機器株式会社　商品企画統括第二グループ
企画主査　阿部　えり子

●

　日本の2000年度の合計特殊出生率（※注1）は過去最低の「1.34」から「1.35」へ微増化したものの少子化の流れは依然続いており、高齢化率（全人口にしめる65歳以上の割合）は2015年には、4人に1人が65歳以上になると予測され、21世紀の少子高齢化社会は今や深刻な社会問題となっています。

　こうした社会背景から交通機関の施設整備に対するガイドライン検討にあたって、「身体障害者、高齢者、乳幼児連れ等」、すべての人が使いやすいトイレ空間の環境整備を目指すことは、ユニバーサルデザインの観点から重要であると確信し、その概念をトイレのプランニングに積極的に各所に盛込むことをこの度ご提案いたしました。

　特に①「車いす使用者の方」に配慮することはもちろんのこと、②「乳幼児連れ」への配慮、③内部障害者である「オストメイト（人工肛門・人工膀胱保持者）」の方がパウチ等（一時的に便を溜めておく袋）を洗浄できる設備商品を平行して開発するなど、より使いやすい「多機能トイレ」を目指しプランニングにご協力した次第です。

　　注1）合計特殊出生率：一人の女性が一生に何人の子供を産むかという近似値

　次にトイレプラン検討経緯について述べたいと思います。

①「車いす使用者への配慮について―折りたたみ式おむつ替えシート等」

　「折りたたみ式おむつ替えシート」は最終的に、多機能トイレの「なお望ましいプラン」に掲載されたもので、外出先でおむつ交換が必要な方を対象にしています。当社では身障者トイレについてさまざまな障害をお持ちの方59名によるトイレ使用の使い勝手を検証しましたが、その結果からも有用性は実証されています。

　不特定多数の方が使用されるトイレですので管理上の問題等、課題は多々あると思われますが、通常「折りたたみ式おむつ替えシート」がない場合、

折りたたみ式おむつ替えシート　　　　　収納時

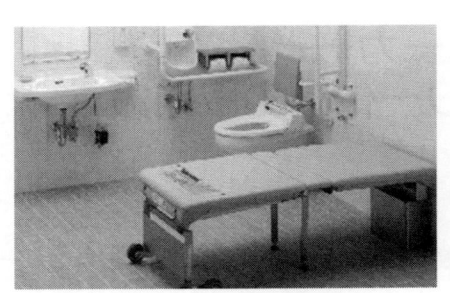

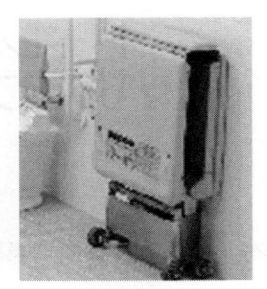

　介護者の方が身体障害者トイレの床に「ビニールシート」を敷いておむつ替えをなさっている状況を考慮すると、将来的に標準的な設備として設置されることを希望する次第です。
　また、大便器に移乗の際に必要な手すりの形態や位置、車いすで正面からアプローチする際に邪魔にならない奥行きの小さい洗面器、便座に腰掛けたままでも指先を洗ったりするのに便利な小型手洗い器、付属器具等、検証をもとに少しでも使いやすい身体障害者トイレとして提案致しました。

②「乳幼児連れ配慮について」
　昨年当社で実施した6歳以下の子供を持つ女性190名にインターネットによる意識調査を実施した結果（資料9(1)、199頁参照）、外出先で約80％のお子様連れの方が「おむつ替え」や「授乳」で困った経験を持っており、その場所として交通施設である「駅（約19％）」が第1位に上げられました。また第2位は「ファミリーレストラン（約14％）」第3位は「百貨店、スーパーマーケット（約12％）」と続き、交通施設での「おむつ替え」や「授乳」に対する不満が大変高いことがこの調査で明らかとなりました。
　従って交通施設において障害者の方に配慮しつつ、できるだけ乳幼児連れにやさしい器具を盛込む必要性があるといえます。
　具体的には、多機能トイレではおむつ替えのための「ベビーシート」を、「洗面器」には「3〜4歳の利用に配慮し、上面高さ55cm程度のものを設けるとなお望ましい」などです。洗面器高さについては、今年2月、横浜市協賛で開催された「子育て環境整備シンポジウム」の中で、パネリストのお母さん達から「外出先で子供が手を洗う時、洗面台の高さが高すぎて手が届かず踏み台を設置してほしい」との要望が多数あり、その生の声を反映しました。また、乳幼児連れで親が安心して用を足せる設備として「ベビーチェア」がありますが、最近、男親と乳幼児の組合せで外出するケースも少なくなく、男女の区別なく「ベビーチェア」を設置し、さらにトイレブース内だけでなく親が手洗いする場合も子供を抱きかかえたまま手を洗う行為が大変

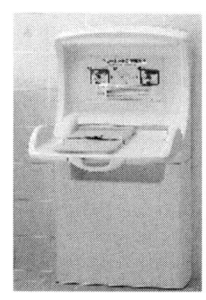

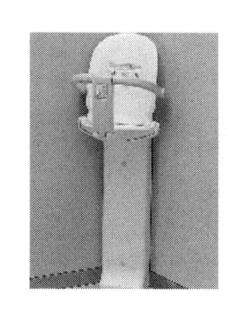

ベビーシート・ベビーチェア

という声から、洗面所付近にも「ベビーチェア」を設置することを提案致しました。「ベビーチェア」については、パブリックトイレで灰皿代わりに使用され、たばこの火を押し付けたであろう茶褐色の傷痕や穴のあいてしまったものが多く存在するのも事実です。事業者様には上記のような管理上の課題もあるかと思いますが、今回ガイドラインに追加いただいたことは多くの乳幼児連れの方にとって朗報と思われます。

また外出先で、おむつ替えの必要な方にとっては、おむつを捨てるための「汚物入れ」も必要な設備の一つです。従来「汚れたおむつ」は持って帰るというのが一般的マナーですが、汚れたおむつをマザーバックに忍ばせて持ち帰る中で、車両内におむつの臭いが漏れるのが気になり、肩身の狭い思いをするケースは乳幼児連れのだれもが一度は経験することです。

このように乳幼児の紙おむつの処理や、また障害者の方が破棄されるパウチ等の捨て場所を確保するということは、一方でゴミ増加の問題はありますが必要な器具といえると思います。

③「オストメイト（人工肛門・人工膀胱保持者）に対する配慮について」

今回のガイドラインの中で初めて、全国に約20万人～30万人いるといわれる「オストメイト」に対する配慮が盛込まれたことは特筆すべき点だと思います。トイレ研究会でも㈳日本オストミー協会様より外出先でオストメイトの現状の悩みについてご紹介があり、ご要望を受けて専用器具を開発するに至りました。障害者トイレに十分なスペースが取れる場合は、「汚物流し」を設置いただくことが理想ですが、まず2m角の標準的なスペースに設置で

㈳日本オストミー協会でのフィールドテスト結果（資料9⑵、200頁参照）

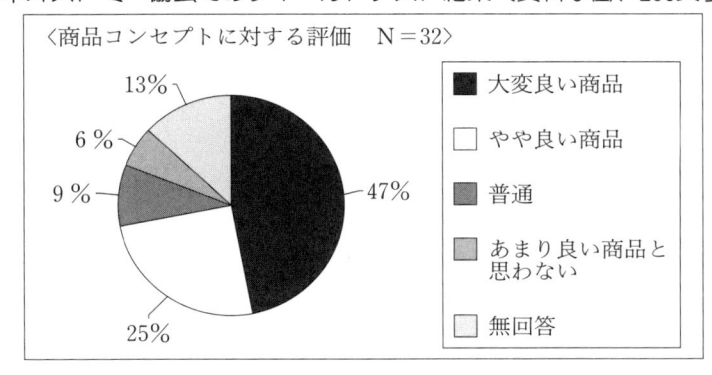

〈商品コンセプトに対する評価　N＝32〉

- 大変良い商品　47%
- やや良い商品　25%
- 普通　9%
- あまり良い商品と思わない　6%
- 無回答　13%

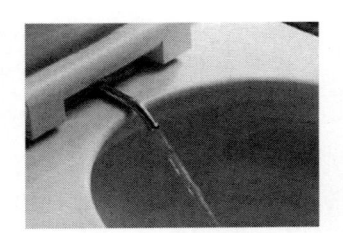

ノズルからの吐水状態

パウチ・しびん洗浄水栓

きることが器具普及の鍵ですので、最初のステップでは大便器周辺にシャワータイプで吐水する方法を検討しました。イタズラや使い方がわからない等の理由でシャワーヘッドから誤って水を撒き散らされ、床が水びたしになる可能性があります。今回のパウチやしびんの洗浄できる装置（以下パウチ・しびん洗浄水栓と略す）では便器のボウル内で洗浄処理し、且つ大掛かりな改修工事なく簡単に後付けできる現在の器具形態としました。また、座位を保つことのできない方のために必要な「背もたれ」と同時にセットでき、しびん洗浄にも使えます。パウチを洗いやすいノズル角度や吐水量については、㈳日本オストミー協会様のご協力を得てご意見を伺いながら決定し、モニター結果から72％のオストメイトの方からよい商品としてそのコンセプトをご評価いただきました。また、従来手を洗う洗面器でしびんや補装具を洗わざるを得なかった方にとっても多少洗浄ノズルの位置が低いものの衛生面でかなり改善されたと思います。今後、「パウチ・しびん洗浄水栓」については、市場での評価をもとにさらに改良を重ね、より良いものにしていきたいと考えております。

「パブリックトイレの環境整備について」

多くの障害をお持ちの方が安心して外出できる環境整備対象の一つである「トイレ」について、日々各方面から多くのご要望をいただいております。その一つ一つのご要望を分析し市場では毎年多くの商品が開発されていま

す。パブリックトイレにおいては障害の違いによって個々にニーズが異なる中で、すべての人が使いやすいというユニバーサルデザインの観点から「だれもが使いやすいトイレ」を考える時、どこかで妥協点を見つけなければなりません。少しでも多くの方に使いやすい設備やソフト情報をメーカーとしてご提供し、また社会全体の価値としてユニバーサルデザインが特別なことでなく当たり前なことになるよう心より希望いたします。

　最後に、トイレ研究会委員、事務局の皆様方から貴重なご意見を賜り、また検証にご協力いただきましたことを心よりお礼申し上げます。

4.公共トイレにおける
バリアフリー化の経緯と
今後の方向性

公共トイレのバリアフリー化の流れと
今後の方向性

横浜国立大学工学部建築学科
教授　小滝　一正

●

1．福祉のまちづくりの流れ

　公共トイレのバリアフリー化について述べる前に、その前提となる福祉のまちづくりについてざっとおさらいしておく必要があろう。

　わが国の福祉のまちづくりは1970年代のはじめに仙台市の車いすを使用する障害者たちが施設からまちに出る運動を始めたのをさきがけとして、全国各地の障害者に広がり、1973年には厚生省（当時）による「身体障害者モデル都市事業」が始められた。74年には町田市が「建築物等に関する福祉環境整備要綱」を制定して福祉のまちづくり要綱の先鞭をつけ、これも全国各地の自治体に広まった。多くは要綱にとどまり建築確認申請と連動した行政指導という形であったが、神戸市ではいち早く「神戸市民の福祉を守る条例」を1977年に制定した。

　1981年の「国際障害者年」およびそれに続く「国連・障害者の十年」（1983〜92年）を契機として福祉のまちづくりは大きく進展することになった。

　国レベルの事業をいくつか挙げると、建設省（当時）の官庁営繕部が1976（昭和51）年に「身体障害者の利用を考慮した設計指針」をつくったのが建築指針のはじまりであり、それが1982年に「身体障害者の利用を配慮した建築設計標準」に発展して一般化した。運輸省（当時）は1983年に公共交通ターミナルの整備ガイドラインを作成し94年の改訂を経て2000年の「交通バリアフリー法」の施行を受けて、今回の「移動円滑化整備ガイドライン」の策定に至ったわけである。厚生省（当時）における各種の福祉のまちづくり事業の展開はいうに及ばず、郵政省（当時）の郵便局の整備や、通産省（当時）では住宅のバリアフリー化に向けた技術開発が行われ、さらには電電公社（当時）でも電話機の新開発などが行われてきた。

　このように、地方自治体や国の各省庁の施策がさまざまな形で行われるようになったわけであるが、その多くが指針や要綱といった形の法的強制力をもたないものであった点で、高齢社会を迎えた時代において限界があったの

も事実である。そうした意味で、1994年の「ハートビル法」（高齢者、身体障害者等が円滑に利用できる特定建築物の建築の促進に関する法律）は、全国統一基準が示されていることと相まって、画期的であった。「交通バリアフリー法」も障害者のアクセスを確保する旨交通事業者に義務づけをしたという点で画期的なものである。

2．身体障害者用トイレ設計の流れ

1）標準設計の流れ

現在ある姿の公共用身体障害者用トイレの標準設計の原型は、建設省（当時）の委託により、日本肢体不自由児協会内に置かれた「身体障害者の利用を考慮した設計資料作成委員会」（委員長：吉武泰水）において作成されたもので、1974年のことである。それが先に述べた建設省官庁営繕部の設計指針になり、さらに各自治体などの指針にも盛り込まれて一般に普及した。その後にいくらかの軽微な変化があったものの、基本的な考え方に大きな変化はない。

原型にはすでにひと通りの設備や部品が盛り込まれている。JISの大型車いすに合わせた座面高45cmの洋風便器（ただし下部に台をつけて高くしてある）、便器に座ったまま手が届く手洗い器・靴べら式水洗ボタン・ペーパーホルダー・非常ボタン、さまざまな移乗方法に対応できる可動式手すりとL型手すり、荷物置き台などである。平面寸法は210cm角とされており、右利き用と左利き用が示されていた。

その後、高さ45cmの車いす用便器、寄りかかりができる強度を備えた洗面器、回転式手すりなどが衛生器具メーカーから発売されて普及し、さらに、自動式入口ドアや様々な水洗方式などが導入されて、現在よく見受けられるような形になってきたのである。

2）多目的化の流れ

わが国の身体障害者用トイレは、上記のようにきめ細かい配慮がしてある点と、身体障害者用公共トイレは男女共用のものが1カ所設けられた形のものが多いことの2点に特徴がある。特に男女共用トイレは独特のものといえよう。男女別を原則とするトイレでは、男女それぞれのトイレに身体障害者用を設けるのが当然であるという考え方からみると奇異な感じがないとはいえない。現に欧米などをみると男女それぞれに設けられているのが普通であり、日本でも京都市などのように一部では男女別を原則としていたところもある。男女共用トイレが普及した理由はトイレに割く面積が少ないことにあ

ると見てよいだろう。200cm角の広さがなかなかとりにくのが実際だからである。しかし男女共用であることが、身体障害者用トイレが多目的化に向かう要因の一つにもなった。

身体障害者用トイレが普及しはじめた頃、せっかく一等地にできたものの利用率が低いことが取り沙汰されて、おそらくは横浜市の公衆トイレが最初だろうが、男児用小便器を備えて男の子を連れた母親が一緒に入れるようにした例が出現した。健常者にも使ってもらおうという意図だったと聞いているが、図らずもノーマライゼーションの理念に近い考え方だったともいえよう。

その後いつの頃からか定かではないが、デパートで女性向けのトイレ戦略が始まって、女性のための化粧や着替えの場として、また授乳の場としてトイレが注目され始めた。その影響から公衆トイレにも着替えのために設備が設けられる例が出てきた。町なかで得がたい個室であり、かつ水場であるというトイレの特性がうまく利用された結果であろう。

一方注目すべきは、高速道路のサービスエリアで身体障害者用トイレに、大人のおむつ交換用ベンチが設けられるようになっていることである。超高齢社会を迎えた現在、おむつを着用した高齢者とその介助者に配慮している見識は高く評価されるべきだろう。高齢者に限らず介助者を伴う障害者が町に出る可能性は今後ますます多くなるだろう。

3．今後の方向性

1) より一層の整備

トイレは「誰にでも」、「どこでも」、「いつでも」必要な施設である。特に障害者や高齢者にとっては、行動が制約されるために一般のトイレでは不自由することが多いわけで、いわゆる多機能トイレまたは多目的トイレがより一層整備されることが望まれる。身体障害者や高齢者が町に出て生き生きと動き回れる自由を保障するためにトイレの存在は欠かせないものであることを改めて強調しておきたい。

2) トイレ情報の提供

身体障害者用公共トイレまたは多目的トイレが普及してきたとはいえ、どこでもいつでも利用できる状態ではなく、障害者が町に出る際にはどこにどのようなトイレがあるかをさまざまな情報源から（その多くは口コミであるという）得てからでないと安心して外出できないという状況がある。

トイレに関する情報は各地の車いすマップなどに掲載されていることが多

いが、情報化時代の今日ではもっと違う情報提供が考えられてもよいだろう。例えば、コンビニエンスストアーや交番など各地に多く存在する施設を通してインターネット情報として提供するといったことが考えられる。もちろんトイレ情報だけでなく道路、交通、施設などの情報も盛り込むとよい。

3）トイレネットワークと市民参加

　身体障害者用公共トイレが整備されるといっても、標準型のトイレだけではすべてのニーズに応えられているとは限らない。そこで町なかにいくつかを整備するなら、あるいは例えば一つのデパートでいくつか整備するなら、違うタイプのものを整備して役割分担するといった形のトイレネットワークが形成されるとよい。

　そのためには市民参加によるトイレ整備が望まれる。市民が身近にトイレ問題を意識するよい機会を提供することもトイレ整備に関わる自治体や公共機関の役割として重要な意味をもつだろう。

参考文献
1）高橋儀平　高齢者・障害者に配慮の建築設計マニュアル　彰国社　1996
2）日本トイレ協会編　トイレの研究　地域交流出版　1987

身体障害者用トイレに求められるもの

日本トイレ協会会員　東陶機器株式会社　楽＆楽商品企画グループ
課長　田村　房義

●

1．わが国の「身体障害者配慮トイレ」の歴史について

　わが国の公共施設に、規格に基づく「身体障害者配慮トイレ（以下、身体障害者トイレと略す）」が整備され始めたのは、今から約30年前（1970年代前半）からとされている。それまでは、標準規格と言えるものはなく、現場毎に試行錯誤で対応していた。

　1975年には建設大臣官房官庁営繕部より「身体障害者の利用を考慮した設計資料」が発行され、この中で推奨されている「身体障害者トイレ」のプランが全国に広まっていったが、その波及範囲は比較的公共性の高い施設に留まっていた。

　1980年、国際障害者年を翌年に控え、衛生機器メーカーが「身体障害者トイレ」のプラン集を発行したのを契機に、これ以降に建設される公共施設等には、このプラン集に基づく「身体障害者トイレ」が設置されてきた。当時は、社会環境が十分に整備されていなかったこともあり、外出できる障害者は、脊髄損傷系の手動車いす使用者が大半であった。そのため、建設される「身体障害者トイレ」は手動車いす使用者を配慮した仕様であり、空間的には、JIS大型車いすで使用可能な2m×2mが標準的であった。

　1983年には「公共交通ターミナルにおける身体障害者用施設整備ガイドライン」が策定され、以降鉄道、バス、空港、旅客船等のターミナルに「身体障害者トイレ」が整備されてきたが、この頃のトイレも依然として手動車いす使用者を配慮した仕様が主であった。

　1990年代に入り、社会環境の整備および移動機器の進歩（車いすの小型化、電動車いすの普及等移動手段の多様化を含む）により、外出できる障害者層（軽度から重度）が拡大した。この状況の変化に呼応して、「身体障害者トイレ」は空間的にも器具仕様の面でも大きな変化を求められるようになった。

　このような状況の変化を受け、1995年頃から電動車いすでの利用にも考慮されたトイレプランも提案され、現在では2.2m×2.2mの「身体障害者トイ

レ」も普及しつつある。

　また、デパートをはじめとする民間施設では、1980年代後半から1990年代にかけて「身体障害者トイレ」を身体障害者以外（高齢者、妊婦、乳幼児連れ等）にも利用できるようにした「多目的トイレ」化の動きが広まった。それ以前は"身体障害者トイレ＝身体障害者専用"という風潮が強く、トイレ出入口扉に"身体障害者以外の使用を禁ず！"という張り紙を至る所で見掛けたが、この「多目的トイレ」では、ベビーベッドやベビーチェアを設置する等、様々な配慮がなされるようになった。

　そして2001年に東京都が行った「福祉のまちづくり条例」に基づく整備基準の改訂では、従来の「身体障害者トイレ」を高齢者、妊婦、乳幼児連れ等のだれもが利用できる「だれでもトイレ」として整備するという方針が明確に打ち出されるに至った。この中で特筆すべきは、オストメイト配慮（パウチ洗浄設備の設置等）が新たに盛込まれたことと、要介護高齢者や重度障害児者への配慮（大人用介護ベッドの設置等）が盛込まれたことである。また、日常生活において利用頻度の高い小規模施設にも車いす使用者が使用できるトイレを増やすという狙いから「小スペース車いす配慮トイレ（0.9ｍ×1.8ｍ程度）プラン」も提案されている。

　一方、法的な面では1994年6月に「高齢者、身体障害者が円滑に利用できる特定建築物の建築の促進に関する法律」（通称ハートビル法）が公布され、特定建築物（商業施設等）のバリアフリー化が推進された。また、2000年11月には「高齢者、身体障害者等の公共交通機関を利用した移動の円滑化の促進に関する法律」（通称交通バリアフリー法）が施行され、交通施設や車両のバリアフリー化が推進されている。さらに、ハートビル法の検討の動きもあり、「身障者トイレ」を取り巻く環境は、今後大きく変化すると予想される。

2．現状の身体障害者トイレ（だれでもトイレ、多機能トイレ）の問題点

　1．で述べたように「身体障害者トイレ」は時代とともに、利用対象者も器具仕様も大きく変化してきた。ここでは、現状の「身体障害者トイレ」や「だれでもトイレ（多目的トイレ、多機能トイレ等呼び方は様々）」の問題点について、簡単に述べたい。

　第一に障害者の使えるトイレが、非常に少ないということである。

　障害を持つ方が外出する際に最も気遣うのがトイレであり、行く先々に「身体障害者トイレ」が設置されているか、又、そのトイレは自分に使えるかどうかを事前に確認している。目的地に自分の使えるトイレが無い場合は、外出を控えることもあるが、やむを得ず外出する場合は、何日も前から

水分を控えて体調を整える他、使用できるトイレを起点にした行動計画を立てることも必要になる。それでもなお、使えるトイレが圧倒的に少ないために、障害者は行動を制限されたり、大変な不便を被っている。一例を挙げると、高速道路のサービスエリアやパーキングエリアでは、障害者の使えるトイレが1カ所（多くても2カ所）しかなく、混雑時には「身体障害者トイレ」を使用できないこともあるため、持参したポータブルトイレを車の中で使用したり、車外にビニルシーツを広げ、そこでおむつを交換したり…と大変な思いをしている。「身体障害者トイレの数を増やして欲しい」、「一般のトイレの前に段差がなく、ブースに車いすさえ入ることができれば、やむを得ない場合には一般トイレでも十分に使える」と訴える車いす使用者も多い。

　第二にトイレの設置位置と管理の問題である。

　建築的に充分な空間を確保できない等の理由から「身体障害者トイレ」を「一般の男女トイレ」から離れたところに配置する例をよく目にするが、「身障者トイレ」が人通りの少ない場所に設置されていると、ホームレスが住み着いたり、非行に使われるおそれがある。これを防ぐために管理者が「身体障害者トイレ」に鍵を掛けてしまい、「使用したいときに使えず、非常に困った」という利用者の声を耳にする。

　第三は「だれでもトイレ」に潜む問題である。

　「身体障害者トイレ」を「だれでもトイレ」化（多目的化）した為に発生する新たな問題が多々見られる。例えば、乳幼児連れに配慮してベビーシートを設置したが、車いす使用者からは「ベビーシートが邪魔で扉を閉められない、大便器にアプローチできない」との声も聞く。「だれでもトイレ」とはいえ、その設備を使用しない利用者にとっては邪魔になることもあるようだ。

　第四に利用者別に見た設備面の問題である。

　車いす使用者への配慮は、この30年間にかなり進歩しているが、以下に挙げるように、採用器具の仕様やレイアウト、および取付寸法等に関して依然として未解決の部分が多い。

① 　上肢障害者の利用に配慮した設備の研究が不十分である。
② 　自己導尿法の普及で脊髄系障害者の排尿方法が急速に変化しているにも拘らず、これに配慮した設備が未整備である。
③ 　従来の公共トイレの大部分には便を溜めるパウチの処理等をするための洗浄設備の配慮が無く、内部障害者（オストメイト等）は対応に苦慮している。
④ 　要介護高齢者や重度障害児者には、おむつ交換や汚れた衣服を着替える

場所や設備が未整備なので、外出自体を制約されているのが実情である。
⑤ 知覚障害者（特に視覚）は、建物の建築条件による制約（トイレが遠い）や、誘導サインの未整備のためにトイレに行くこと自体が困難であり、さらにトイレに行きついても、ブース内器具の操作ボタン等の形状や設置位置等が統一されていない為に使い方が分からず、介助無しでは利用できないことも多々ある。

このように「身体障害者トイレ」は依然として発展途上の段階である。

3．公共施設における望ましいバリアフリートイレの一提案

これまで、健常者（一部の身体障害者を含む）は「一般トイレ」を利用し、障害者は「身体障害者トイレ」を利用するという考え方に基づいて公共トイレが整備されてきたが、「身体障害者トイレ」は数が少ない上、質的にも未成熟である。

従来の「身体障害者トイレ」の大半は自立できる車いす使用者への配慮が主で、その他の障害者（杖使用者、オストメイト等の内部障害者、視覚や聴覚等の知覚障害者、介助付重度障害児者等）や高齢者、妊婦、乳幼児連れ、子連れ等の排泄時に何らかの不自由を有する方々（以下これらを総称して「その他のトイレ弱者」と呼ぶ）への配慮が極めて希薄である。

一方、従来の「一般トイレ」では、小便器の一つに手すりを設置する等して高齢者や一部の身体障害者に配慮しているが、これは必要最低限の水準である。このため大半のトイレ弱者には使いづらいか、場合によっては使えない。

従って健常者と障害者とを区別して排泄環境を整備するという従来の考え方を改め、「トイレ全体で、誰もが使いやすいトイレ」という理念に基づいて公共トイレを整備する必要がある。

「トイレ全体で、誰もが使いやすいトイレ」の将来像として下記の整備案を提案する。

① 「身体障害者トイレ」の多機能化

「男女兼用の多機能化された誰でも使えるトイレ（A）」を男女トイレ出入口前に1～2カ所設置する。男女トイレ出入口前に設置する理由は、介護者が異性の方の場合への配慮である。

このトイレは、ブース内に大人用の介護シートやオストメイト等を配慮した洗浄設備を備え、車いす使用者およびその他のトイレ弱者にとっての利便性に配慮する。

② 「一般トイレ」のバリアフリー化

上記の「男女兼用の多機能化された誰でも使えるトイレ」が使用中であ

っても、ある程度までの対象者（自立できる車いす使用者等）であれば利用可能な「車いす配慮トイレブース（B）」を、男女トイレ内に各1カ所以上設ける。

　さらに、残りのブースは、より幅広い対象者が利用できるような「最低限の配慮を施したトイレブース（C）」とする。具体的には、トイレブース前の段差を無くし、出入口から車いすが進入できる有効開口寸法（できれば750mm以上）を確保する。扉を外開き戸ないし引き戸にするとともに、洋式便器に手すりを設置することで、車いす使用者（特に手動車いすを使用する人）に配慮する。

　また乳幼児連れ、子連れへの配慮として、(B)、(C) ブース、および洗面所付近にはベビーチェアを設置するとともに、ベビーシートをトイレブース外に設置できるようなレイアウトにする。

　洗面器や小便器は、子供にも使いやすくするために、器具の形状や取付け高さ等に配慮をする。

③　建物内トイレのユニバーサル化

　トイレ全体のブース配置は、上記の(A)、(B)、(C) を建物用途別に、設置割合を調整することで対応する。勿論、(A)、(B)、(C) を建物全体に分散して配置するのではなく、できるだけまとめて配置するように配慮する。

　また、トイレへの誘導配慮については、建物の全体計画の中で考慮する必要がある。誘導に際してのガイドは視覚、聴覚、触覚、他の複数で認識できる配慮を盛込む。

　トイレ内に設置される設備機器の操作系に統一性を欠くと、使用者が混乱するので、操作部の形状および設置位置等の規格を最低限のレベルで統一するか、機器の使用方法のガイダンスに配慮する。

　以上、公共施設における望ましいバリアフリートイレの一案を提案した。排泄は人間の最も根幹をなす生理機能であるので、これを充足する場としての「すべての人にやさしいトイレ」の整備は一日も早く行われるべきである。誰もが気兼ねなく外出できるような社会環境を実現せねばならないと痛感している。

5.おわりに

使用可能なトイレをすべての旅客施設に

国土交通省総合政策局　交通消費者行政課
交通バリアフリー対策室長　水信　弘

●

　外出するにあたって、外出先や途中でトイレが使用できるかどうかは、障害者・高齢者が社会参加できるかどうかの重要な問題です。安心して移動できるためには、使用可能なトイレが要所要所に整備され、特に公共施設や交通ターミナルに整備されている必要があります。
　どこの旅客施設でも必ず使用可能なトイレがあれば、より多くの人々の社会参加が可能となります。
　使用可能なトイレを設置するには、
1．便器への移動に必要なスペースの確保
　　回転スペース、前方スペース、側面スペースの確保
2．手すりの機能を考えた設置
　　手すりの長さ、間隔、高さ、可動式手すり
3．便器の高さ
4．床
5．物置台その他
を考える必要があります。

1．便器への移動に必要なスペースの確保

　車いすマークの付いたトイレに入って、どう使うのか首をひねるようなトイレにぶつかることが多くあります。便器があって、その両脇に手すりがそれぞれに付いています。そして、洗面器等々がついており、一応、平成6年の「公共交通ターミナルにおける高齢者・障害者施設整備ガイドライン」通りにはなっていますが何か変なのです。
　設備さえあっていればという感じになっています。
　例えば、手すりが段違いに平行棒のようになっているトイレ。
　車いすが、便器まで入れないトイレ。
　手すりが、便器先端までないトイレ。
等々です。

車いす使用者は、人によって便器への移乗の仕方が違います。大まかに分けると、横から便器に移乗する人、斜めから便器に移乗する人、正面から便器に移乗する人の3パターンに分けられます。

　平成6年の「公共交通ターミナルにおける高齢者・障害者施設整備ガイドライン」に従って、200cm×200cmの多機能トイレを作ると横から便器に移乗する人と斜めから便器に移乗する人は、使用できますが、正面から便器に移乗する人は、洗面器の出っ張りがあってスムースに便器に近づけません。また、手すりも可動手すりが短いため、使用できません。残念ながら正面から移乗する人の考慮がされていません。

　正面から移乗する人のためには、便座の前方に車いすの長さより長いスペースが必要になります。手すりと手すりの間隔分の幅も必要となってきますので、洗面器を設置する場合は、奥行の狭い物を設置するなどして、正面から移乗する人に配慮する必要があります。

　便座の側面スペースは、横から移乗する人や介助者が作業しやすいように車いすの幅より広いスペースが必要です。

　また、車いす使用者が便器に近づくため、あるいは使用後、車いすを回転するために、回転スペースが必要です。手動車いすの場合は、直径150cmの回転スペースが必要となります。

2．手すりの機能を考えた設置を

1）手すりの長さ

　手すりは、障害を持った人、体力が弱った人にとって重要な役目を果たします。L字型の垂直手すりは、車いす使用者をはじめ歩行困難者の方が、便座から立ち上がるときに利用します。

　水平手すりは、便座に座るために、立位姿勢をとり、体を転回させて便座に着座するときに重要な役目を果たします。

　L字型の手すりは、垂直手すりをつかんで体を引き上げる機能から便器の先端部より長く作られています。正面から移乗する人にとっては、水平手すりも便器の先端までのびていないと便座に移乗できません。しかし、街で見られる車いすマークが付いているトイレの多くは、残念ながら先端部までないのが現状です。

　手すりの長さを見ただけで、トイレの使用を断念する人もいます。

　手すりの長さは、便器先端と同じ長さにしてください。

2）手すりの高さ

　水平手すりで、段違い平行棒のようなトイレがありますが、体操をやっているわけではないので、高さを揃えてください。そうしないと着座中の身体の支持や移乗動作に困難があるばかりか転倒の危険性もあるのです。
　高さは、車いすのアームレストの高さと同程度の65～70cmの高さで揃えてください。

3）手すりの間隔

　水平手すりは、便座への移乗、立ち上がり、着座中の身体の支持等様々な使い方がされています。両方の手すりの間隔は、狭すぎても広すぎても使いづらく70～75cmとしてください。

4）可動式手すり

　水平手すりは、固定式手すりでは、横から移乗する人が飛び越えて移乗しなくてはならず、また、介助者も手すりを越えて手助けを行わなければなりません。固定式手すりは、横から移乗する人の使用を拒否しており、介助者の作業を困難にしています。水平手すりは、横からの移乗を可能にし、介助者が作業しやすいように固定式ではなく、可動式手すりとし、ベビーベット等の設置を考えると跳ね上げ式可動手すりの方が優れていると思われます。可動手すりは、ぐらつきにくい構造の物であることが重要です。

3．便器の高さ

　便器が高すぎて移乗できない、便器が低すぎて立ち上がれない。使う人によってその高さは様々です。あまり低い、あまり高い便器を除いて、便器の高さは、40～45cmとしてください。

4．床

　移乗、立ち上がり、立位姿勢、身体の回転等様々な動作がありますが、床が滑るとこれらの動作が困難となります。また、水で洗い流した後ふき取られていないまま放置されている公衆トイレがありますが、床に新聞等を敷いて作業を行う障害者もいることから、水で洗い流す清掃方法は、望ましくありません。

5．物置台その他

　障害者の中には、器具を使ってトイレを使用する人がいます。また、服を

脱いで使用する人もいます。器具や手荷物をおける棚や荷物や服を掛けるフックが必要となります。

　以上が多機能トイレですが、一般トイレの中の男子トイレで、小便器に手すりが付いているものがありますが、じゃまだなと思っている人や掃除が面倒だなと思っている人がいると思いますが、たしかに、今の手すりだと手元が見えにくく離れて用を足すため、便器周りが汚れているのが多く見受けられます。しかし、手すりは、身体を保持する必要がある人のために必要なものであり、設置を正しくしてもらうことによって、汚れも少なくなると思います。

　正面の手すりの位置は、便器の厚さと同程度となるように設置してください。首の高さに手すりがあり首吊り状態になるものがありますが、高さは、胸のあたりにしてください。また、子供用との兼用はさけてください。

　ちょっとした配置の仕方で、使いやすいトイレになるか、使いにくいトイレになるか分かれてしまいます。うちの多機能トイレは、使用頻度が少ない。なくても困っていないのではと、考える前に、設計段階で当事者の意見を聞きましたか。工事中に当事者に見てもらいましたか。先ほども言いましたが、車いす使用者の方を取っても色々な使い方をしています。できる限り多くの人に聞いて、見てもらってください。

　せっかく作っても利用されないのでは、作った意味がありません。また、清掃のしやすさに重点を置いてトイレが冷たい感じを持っていませんか。

　今回のガイドラインでは、幅の狭い洗面器にし、正面から便器に移乗できるよう可動手すりも便器の先端まであるものを考えました。

　また、車いす使用者だけでなく、他の障害者、オストメイト、高齢者、妊産婦、乳幼児を連れた人等が利用できるよう「乳児用おむつ交換シート」「オストメイトのパウチ等の洗浄ができる水洗装置」「立位でも使用できる低い位置からの平面鏡」等を考えました。

6．設置しやすいトイレ

　利用しやすいトイレを作っても交通事業者が現在設置しているトイレより多額なお金が掛かるのでは、一点豪華主義で多くの駅をはじめとする旅客施設に設置してもらうことができません。

　現在設置している多機能トイレの中の便器等の器具の配置を換えるだけでも使用可能なトイレとなります。

　より多くの旅客施設に設置してもらうために、「オストメイトのパウチ等の洗浄ができる水洗装置」は、設置者の過度の負担とならないよう便器に設置できるタイプを開発してもらいました。

繰り返しになりますが、多機能トイレ等を新たに設置する場合、既存のトイレを改修する場合は、障害者の人たちはもちろんより多くの人の意見を聞いて、一部の人だけが使えるトイレではなく誰もが使用可能なトイレをお願いします。

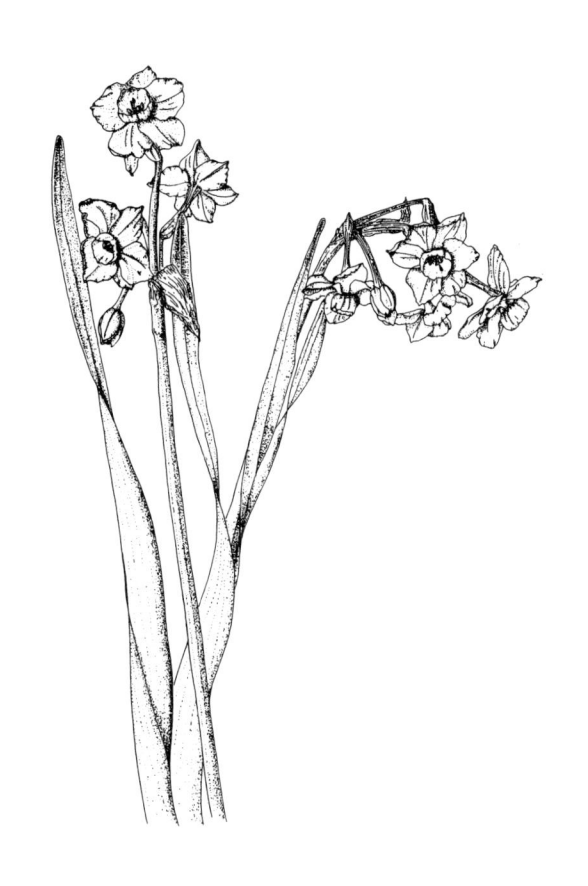

資料編

資料1　検討委員会、小委員会、トイレ研究会委員名簿および開催実績

(1) 公共交通ターミナルにおける高齢者・障害者等の移動円滑化ガイドライン検討委員会委員名簿

(五十音順・敬称略)

委員長	秋山	哲男	東京都立大学大学院都市科学研究科教授
委　員	赤瀬	達三	㈱黎デザイン総合計画研究所代表取締役
	有山	伸司	東日本旅客鉄道株式会社設備部旅客設備課長
	梅木	勇二	国土交通省航空局飛行場部建設課課長
	大倉	元宏	成蹊大学工学部教授
	大森	雅夫	国土交通省道路局路政課課長
	各務	正人	国土交通省自動車交通局企画室長
	狩谷	明男	帝都高速度交通営団工務部次長
	川内	美彦	アクセスプロジェクトアクセスコンサルタント
	菊田	利春	国土交通省住宅局建築指導課課長
	黒崎	信幸	財団法人日本聾唖連盟副理事長
	児玉	明	社会福祉法人日本身体障害者団体連合会会長
	笹川	吉彦	社会福祉法人日本盲人会連合会長
	品川	正典	国土交通省港湾局環境・技術課課長
	清水	郁夫	国土交通省海事局国内旅客課課長
	清水	春樹	東武鉄道株式会社鉄道事業部工務部建築課長
	関根	二夫	社団法人日本旅客船協会業務部会委員
	高橋	儀平	東洋大学工学部助教授
	谷口	博昭	国土交通省道路局企画課課長
	辻岡	明	国土交通省総合政策局交通消費者行政課課長
	妻屋	明	全国脊髄損傷者連合会会長
	野竹	和夫	国土交通省鉄道局技術企画課課長
	古澤	宏文	社団法人全国空港ビル協会常務理事
	三星	昭宏	近畿大学理工学部教授
	村田	利治	社団法人日本港湾協会審議役
	山本	信孝	財団法人全国老人クラブ連合会参与
	横原	寛	日本バスターミナル協会事務局長
前委員	有賀	信章	前帝都高速度交通営団工務部建築担当部長
	岩見	宣治	前国土交通省航空局飛行場部建設課課長
	杉山	義孝	前国土交通省住宅局建築指導課課長
	松尾	榮	前社会福祉法人日本身体障害者団体連合会会長

(2) 公共交通ターミナルにおける高齢者・障害者等の移動円滑化ガイドライン
　　検討委員会小委員会委員名簿

(五十音順・敬称略)

委員長	秋山　哲男	東京都立大学大学院都市科学研究科教授
委　員	赤瀬　達三	㈱黎デザイン総合計画研究所代表取締役
	有山　伸司	東日本旅客鉄道株式会社設備部旅客設備課長
	淡野　博久	国土交通省住宅局建築指導課課長補佐
	大倉　元宏	成蹊大学工学部教授
	大杉　豊	財団法人全日本聾唖連盟事務局長
	小滝　一正	横浜国立大学工学部教授
	尾上　浩二	DPI日本会議事務局次長
	金指　和彦	国土交通省総合政策局交通消費者行政課専門官
	川内　美彦	アクセスプロジェクトアクセスコンサルタント
	北川　博巳	財団法人東京都老人総合研究所研究員
	小林　康	社会福祉法人日本身体障害者団体連合会事務局長
	佐々木政彦	国土交通省道路局路政課課長補佐
	清水　春樹	東武鉄道株式会社鉄道事業部工務部建築課長
	鈴木　健寿	国土交通省海事局国内旅客課専門官
	染谷　英巳	帝都高速度交通営団運輸本部運輸部施設課長
	高杉　典弘	国土交通省自動車交通局企画室課長補佐
	高野　誠紀	国土交通省港湾局環境・技術課課長補佐
	高橋　儀平	東洋大学工学部助教授
	妻屋　明	全国脊髄損傷者連合会会長
	時任　基清	社会福祉法人日本盲人会連合理事
	畠中　秀人	国土交通省道路局企画課課長補佐
	古澤　宏文	社団法人全国空港ビル協会常務理事
	傍士　清志	国土交通省航空局飛行場部建設課空港安全技術企画官
	村田　利治	社団法人日本港湾協会審議役
	山崎　輝	国土交通省鉄道局技術企画課課長補佐
	山本　信孝	財団法人全国老人クラブ連合会参与
	横原　寛	日本バスターミナル協会事務局長
	吉田　良治	社団法人日本旅客船協会業務部長
前委員	安藤　尚一	前建設省住宅局建築指導課高齢者・障害者建築対策官
	伊藤　明子	前国土交通省住宅局建築指導課企画専門官
	石原　康弘	前国土交通省道路局企画課課長補佐
	太田　秀也	国土交通省総合政策局交通消費者行政課課長補佐
	小原　得司	前国土交通省海事局国内旅客課課長補佐
	髙橋　総一	前運輸省鉄道局技術企画課補佐官
	辻　保人	前国土交通省道路局路政課課長補佐
	西尾　信次	前国土交通省住宅局建築指導課企画専門官

⑶　トイレ研究会委員名簿

（五十音順・敬称略）

委員長	小滝　一正	横浜国立大学工学部教授
委　員	稲垣　豪三	社団法人日本オストミー協会会長
	上　幸雄	日本トイレ協会事務局長
	川内　美彦	アクセスプロジェクトアクセスコンサルタント
	小林　康	社会福祉法人日本身体障害者団体連合会事務局長
	水信　弘	国土交通省総合政策局交通消費者行政課交通バリアフリー対策室長
	田村　房義	日本トイレ協会会員
	妻屋　明	全国脊髄損傷者連合会会長

⑷　事務局

事務局	増田　隆	交通エコロジー・モビリティ財団理事
	岩佐徳太郎	交通エコロジー・モビリティ財団バリアフリー推進部部長
	藤田　光宏	交通エコロジー・モビリティ財団バリアフリー推進部
作業協力	川西　太士	㈱三菱総合研究所ユニバーサルデザイン推進室

⑸　公共交通ターミナルにおける高齢者・障害者等の移動円滑化ガイドライン
　　検討委員会、小委員会、研究会、W．G．の開催実績

平12年　10月30日　　第1回本委員会・小委員会合同委員会
　　　　11月22日　　第1回トイレ研究会
　　　　12月3日　　 第2回小委員会
　　　　12月14日　　第2回トイレ研究会
　　　　12月21日　　第3回小委員会
　　　　12月26日　　トイレW．G．
平13年　1月24日　　 第4回小委員会
　　　　2月13日　　 第3回トイレ研究会
　　　　2月27日　　 第5回小委員会
　　　　3月15日　　 第6回小委員会
　　　　3月23日　　 第2回本委員会・第7回小委員会同委員会
　　　　5月7日　　 第6回計画論W．G．
　　　　5月21日　　 第8回小委員会
　　　　6月12日　　 第3回トイレ研究会
　　　　6月20日　　 第3回本委員会・第9回小委員会同委員会

資料2　トイレ研究会の記録と議事要旨

第1回トイレ研究会　議事要旨

　　　日　時：平成12年11月22日（水）　午前10時～12時
　　　場　所：弘済会館1階「葵東」
　　　議　事：委員会設置および実施の概要について
　　　　　　　高齢者、身体障害者等の利用に配慮したトイレの設計案について

〈議事概要〉
以下のような主な意見があった。
○他の高齢者・身体障害者などと共用するトイレとし、オストメイト専用のトイレを求めるものではない。オストメイト対応としては、①大便器に洗浄用水栓を設置、②温水のでる給水設備、③フック、物置が必要。また、入り口にオストメイトも使用できる或いは誰でも使用できる旨の表示をしていただきたい。
○ユニバーサルにするか、身体障害者用にするか、目的を明確にする必要がある。
○身体障害者用トイレは1つでいいのではなく、少なくとも2つ以上を検討すべき。
○水洗装置が奥にあると車いす使用者は使えない場合があるので、位置を配慮すべき。足踏み式のものの必要性も検討すべき。
○折りたたみ式ベッド等は管理上の問題点にも配慮して検討すべき。
○身体障害者用トイレとオムツ替えは別の視点である。
○介助者が待っている場所が無い。カーテンをつけるような対応も検討すべき。
○左機能、右機能どちらか一つしか使えない方もいるので、左右両側に対応できる便所を検討してほしい。便器も前向き、後ろ向きどちらでも使える便器も検討してほしい。
○トイレについて意見を11月29日までに提出していただき、12月4日の小委員会での議論も踏まえ引き続き検討し、原案を作成することとなった。

　　　　　　　　　　　　　　　　　　　　　　　　　　　　　　　　　　　　（以上）

第2回トイレ研究会議事要旨

　　　日　時：平成12年12月14日（木）午前10：00～12：00
　　　場　所：弘済会館1階「葵東」
　　　議　事：第2回小委員会の議論内容および新ガイドライン原案について

〈議事概要〉
以下のような主な意見があった。
○オストメイト対応設備は実際見ていない人にとって理解しにくい。試作品を作り使用実験をしてもらいたい。
○便座は前丸型をなぜ推奨するのか。脊髄損傷者の多くは前で作業ができない。
○一般トイレに小規模身体障害者用トイレを設置する方向でまとめてほしい。

○出入口付近に身体障害者用トイレを設け、男女別の一般用便所の奥に小規模身体障害者用トイレを設けたものを標準として普及させてほしい。
○小規模身体障害者用トイレのみの設置を身体障害者対応として認めるか検討すべき。
○小規模身体障害者用トイレは現行のトイレの改修で容易に整備できることを指摘し、普及させるべき。
○利用者の優先順位を示すかどうかも含め、多機能トイレの表示方法について検討する必要がある。
○視覚障害者のトイレ使用の際の問題点を整理すべき。
○基準で定められるトイレをリハビリの現場でも訓練用に使ってほしい。
○トイレの高さ（45cm）についてさらに検討が必要である。
○小便器の前の手すりの設置方法については、障害の違いによる様々な利用方法を踏まえて検討すべき。
○名称は「多機能トイレ」ということでよいのではないか。
○公共用トイレでは、洋式便器だけでなく和式便器も位置付ける必要がある。

(以上)

第3回トイレ研究会議事要旨

日　時：平成13年2月13日（火）午後1時30分〜4時
議　事：オストメイト対応便器試作品の実査
　　　　新ガイドライン原案修正案の検討
　　　　その他

〈議事概要〉
（新ガイドライン修正案について）
○大人用のおむつ交換シートは事業者の意見も踏まえると、他目的に利用されてしまうので管理上の課題があり、標準的な設備とするのは難しく、望ましい項目に変更する。
○オストメイト用水洗装置については便器に設置するということでガイドラインに盛り込む。ただし事業者は試作品を見ていないため、次回小委員会にて紹介、説明する。また、後付け可能であることも説明することとする。
○ベビーチェアを設置すると灰皿として利用されてしまうといった意見があったが、これらはこのような設備を必要とする当事者の責任ではないし、また、このような問題があるからといってガイドラインに記述しないということにはならないのではないか。
○ベビーチェアについては、現在は難燃性樹脂を使用している。
○「多機能トイレを2つ以上設置するときは左右対象のものとする」の記述は「右利き左利きに考慮したものとする」に変更した方が良い。
○小便器リップ高について、幼児利用を配慮してリップ高の低いものを設置することとしているが、一方、洗面器の幼児利用を配慮した記載がなく、高さは55cm程度が望ましいとの記述を加えるべきである。
○多機能トイレのドアについて、自動的には戻らないタイプを標準とするのは良いと考える。また、「ドアの内側の左右両端に握り手を設けるものとする」となっているが、一番端につ

けるということではないので、「ドアの内側の左右両側に握り手を設置することが望ましい」と変更した方が良い。
○便座の高さについては「車いすの座面の高さを標準とする」では分かりにくく、また外国製の便座など高いものを排除する必要があるため、40〜45cmと数値を記載した方が良い。
○汚物流しを設置すれば、便器にオストメイト用水洗装置を設置する必要がないことを明記するべきである。
○便器の周囲の手すりについては、壁との間隔を5cm以上、床面からの高さを65〜70cm、また左右の幅は70〜75cmとすることを記述すべきである。

（報告書および出版物について）
○トイレ研究会の成果として報告書を作成し、その中ではガイドラインの標準設備だけでなく、望ましい設備も設置した場合のモデルプランを示したり、議論の経過についても盛り込むべき。

（今後の進め方について）
○新ガイドライン案修正案に関する今回の議論を踏まえて委員長が最終案をまとめることとした。今後、さらにトイレ研究会での検討が必要と考えられる場合は改めて開催する。
○オストメイト用水洗器具の試作品を日本オストミー協会に設置し、実際に使ってもらって意見を収集することにした。

(以上)

第4回トイレ研究会議事要旨

　日　時：平成13年6月12日（火）午前10時30分〜正午
　議　事：新ガイドライン修正案（トイレ）について
　　　　　オストメイト対応水洗装置の確認
　　　　　その他

〈議事概要〉
　事務局よりトイレに関するパブリックコメント意見および第8回小委員会とその後の委員会からの意見の概要を説明し、またガイドライン修正案のトイレ部について説明を行った。
○オストメイトの図記号案について、日本オストミー協会にて議論した結果、様々な意見があったが、わかりやすく全体のバランス等からもこの案は良いのではないかという意見があった。ただし、いままでの協会のマークの普及の取組みの経緯もあるため、あくまでも新しい図記号に統一という訳ではないということにして欲しい。
○多機能トイレに高齢者のマークが入っていないが、使える人を示すためのサインではなく、使える設備を示したサインである。
○簡易型多機能便房は小型車いす利用を対象とする考えでよいのではないか。簡易型多機能便房はあくまでも多機能トイレがあってさらに設置するイメージである。
○簡易型多機能便房の入り口の有効幅員の記載について、設計者に誤解されないようわかりやすく示して欲しい。

(以上)

第1回トイレ研究会資料

高齢者・身体障害者等に配慮したトイレに望ましい設備について
(1) 身体障害者用便所

	望ましい設備	対　策	論　点	(1)基本プラン	(2)おむつ交換シート付プラン	(3)おむつ交換シート、汚物流し付プラン	(4)一般トイレ
1 入口ドア	①車いす使用者が通過しやすい戸の構造 ・自動式引き戸、手動式引き戸の順で望ましい。			○	○	○	―
	②手動式の戸の握り手 ・レバー式か棒状のものとする			○	○	○	―
	③扉の錠 ・扉は容易に施錠できるものとし、非常の場合を考慮して、外部から解錠できる施錠と連動させる。 ・使用中の表示は施錠と連動させ、目につきやすい位置に設ける。 ・電気施錠とし、使用中ランプ、扉の開閉を連動させる。			○	○	○	―
	④有効幅 ・出入口は便房の状況によってはかならずしも直進での出入りが可能でない場合もあり得るので、原則として85cm以上を確保する。 ・理想的には90cm以上。 （さらに2本杖使用者は120cm以上）			○	○	○	―
2 トイレブースの大きさ	①車いすで円滑に利用できる大きさ ・内法で200cm×200cm以上			○	○	○	―
	②電動車いすで利用しやすい大きさ ・便器の前方及び側面に車いすを寄り付け、便器へ移乗するために必要なスペースを適切に設けるとともに、便器の両側に手すりをつける必要がある。 空間（220cm×220cm以上）を確保する。 ・便器の前方に120cm以上、側面に70cm以上の空間を確保して、衛生機器等を設置する。	便器前方・側方に十分なスペースを確保した例 垂直の手すりは、立位を保持できる人に有効。	―	―	―	―
3 手すり	①大便器の両側の手すり ・手すりは便器の両側の利用しやすい位置に、垂直、水平に設ける。			○	○	○	○
	②大便器の可動式手すり ・車いすを便器に寄り付けて介助する場合などに配慮し、片方の手すりは可動式とする。 ・可動式手すりの長さは、移乗の際に握りやすく、且つアプローチの邪魔にならないように、便器先端と同程度とする。 （便器先端までの長さ±5cm）	はねあげタイプ可動式手すり		○	○	○	一部ﾊﾞﾘｱﾌﾘｰｽ
	③大便器の水平式手すりの高さ ・便座面の高さより、25cm〜30cmの高さに設置する。			○	○	○	○

3 手すり	④洗面器の手すり ・洗面器用の手すりは、トイレ内の車いすの回転、便器へのアプローチの障害となるため、スペースに余裕がある場合にのみ設置する。	手すりが障害になっている例		○	○	○	―
4 大便器まわりの設備	①背もたれ ・便器着座時の座位保持が困難な人のために、背もたれを設ける。	大便器用背もたれ		○	○	○	○
	②便器の洗浄 ・くつべら式、手かざしセンサー式、足踏み式など、軽い力で操作が容易なものとする。		・足踏み式は車いす等で蹴って踏んでしまうケースが多い ●論点1：足踏み式を設置するか否か？	○	○	○	車いす対応ブースのみ
	③洗浄装置、ペーパーホルダー、非常用呼び出しボタン ・便器に腰掛けたまま容易に利用できる位置に設け、分かりやすく、操作しやすい形状のものとする。 ・便器に移乗しないで排泄処理をする人のために、車いすに座ったまま使用できる位置にも設置する。	大便器手すりまわりに各種手洗器他各種洗浄スイッチを配置した例 手かざしセンサー式洗浄スイッチ		○	○	○	○
	④洗器の近くの手洗器 ・携便の際の手指洗いや、導尿装具の洗浄などに配慮し、小型手洗器を便座に腰掛けたまま利用できる位置に設ける。 ・水栓器具はセンサー式、ボタン式など操作が容易なものとする。	小型手洗器		○	○	○	―
	⑤洗浄用水栓 ・しびんを利用者やオストメイトにも対応可能なトイレとするため、大便器の近くにシャワー式の便器処理や、しびん洗浄のための洗浄用水栓を設ける。	便器に水栓取り付いたタイプ ハンドシャワーで洗浄するタイプ	・座位の安定しない人が水栓金具にもたれかかるおそれがある ・背もたれとのセットができない ・便器まわりの人が使う所では使い方がわかりにくい ・片手がふさがるため、両手で洗い物ができない ・便器まわりや床をぬらしてしまう可能性がある ・不特定多数の人が使う所では使い方がわかりにくい ●論点2：オストメイト配置として、どんな配慮が必要か？	―	―	―	―
	⑥手荷物棚 ・便器のまわりに手荷物棚を設置する。			○	○	○	○

108

5 洗面器まわりの設備	①手洗器、洗面器の形状 車いすでの使用に配慮し、洗面器の下に膝が入る形状、設置高さとする。		○	○	○	○	○
	②洗面器の大きさ、設置位置 洗面器は、車いすの使用者の前方、側方からの移乗の際に、障害にならない位置に設置する。十分なスペースを確保できない場合は小型の洗面器、手洗器を設置する。	車いすで省スペース大型洗面器を使う例	○	○	―	―	―
	③洗面器の水栓金具 ・自動水栓、レバー式など手の不自由な人でも操作しやすいものとする。 ・車いすで座ったまま手が届きやすい形状とする。 ・簡単な洗い物にも使いやすい自動水栓の例	洗い物をしやすい自動水栓の例	○	○	○	○	○
	④手荷物置		―	―	―	―	―
	⑤洗面器の棚 ・手荷物や装具などを置くため、平面棚とし、棚の下端を床面より80〜90cm程度とする。		○	○	○	○	○
6 その他設備	①おむつ交換シート 車いすでも立位でも使えるようにするため、衣類や補装具を着脱する際におむつ替え、おむつ替え、衣類が汚れた人が長いすまたは寝台を設ける。	折りたたみ式シートでのおむつ替えの例 要介護の人のニーズが高い	・管理の行き届かない所では本来の目的外に使われる恐れがある。 ・論点3：基本ブランへのおむつ交換シートの有無	―	―	○	―
	②多目的流し 失禁症やオストメイトのパウチの漏れにより、汚した衣服や装具を洗うための多目的流し、しびんなどおむつを使用している人の汚れ物洗いにも使う事が出来る。	多目的流し	・車いす使用者の障害にならない様にするため、トイレブースの広さが200cm×240cm以上必要。 ・直接排泄物を捨てることができない。汚物は便器で処理する。 ・論点2：オストメイトのおむつ替え、どんな配慮が必要か？	―	―	―	―
	③温水シャワー ・オストメイトの方の腹部を洗浄するために、多目的流しに使用する温水の出るハンドシャワーを設置する。		・給湯設備が必要。 ・給湯設備を設けた場合、本来の用途以外に使用されるおそれがある。 ・腹部を洗浄した時に床が濡れる可能性がある。 ・論点2：オストメイト配慮として、どんな配慮が必要か？ ・腹部を洗うことは、想定できないのではないか	―	―	―	―

							おむつ交換コーナー	○	○	○	○	○	―

分類	項目	説明	図	備考			
	④汚物流し ・汚物の処理と洗い物兼用できる汚物流しを設置する。オストメイトの方が、実な姿勢で汚物の処理をできるように、適当な高さに設置する（70〜75cm程度）。しびんやおむつを使用している人の汚れ物洗いにも使う事が出来る。	汚物流し	・車いす使用者の障害にならない様に、トイレブースの広さが220cm×250cm以上必要。オストメイトの方、トイレブースの広さが220cm×280cm以上必要。・おむつ交換シートと併設する場合は、220cm×280cm以上必要。※論点2：オストメイト配置として、どんな配慮が必要か？	―	―	―	○
	⑤おむつ用ごみ箱 ・使用済みのおむつや、尿パッドなどを捨てることが出来る。臭いが漏れにくい大きさの汚物入れを設ける。	足踏み式で蓋の開閉ができるごみ箱	汚物の処理などの管理面での負荷が増大する。	○	○	○	○
	⑥汚物入れ ・生理用品などをするすることが出来る汚物入れを便器に座ったところに設置する。パウチを洗うことができる。			○	○	○	○
	⑦手荷物棚 ・又はフックを使用しやすい位置に設置する	便器の近くに設置することのできる汚物入れ 棚　　フック		○			○
	⑧姿見鏡 ・オストメイトのパウチ装着状態の確認、車いす使用者の足元確認のために姿見があると便利。			―	―	○	○
	⑨後方確認用の鏡 ・大型の電動車いす等が回転できない場合に後進で退出することを配慮し、後方確認用の鏡を設置する。		車いす利用者の障害にならない様に配置する。	―	―	○	○
7 乳幼児配慮	①ベビーベッドまたはベビーシート ・トイレ内でおむつ替えができるように収納式のベビーシートを設ける。	・おむつ交換シート（6-①）でも乳児のおむつ替えも可能		―	おむつ交換シート	おむつ交換シート	おむつ交換コーナー
	②ベビーチェア ・ベビーカーをたたまない乳児連れのひとりが、側に乳児を座らせ使用足すことができるようにベビーチェアを設ける	ベビーシート ベビーチェア	車いす利用者の障害にならない様に配置する。※論点4：基本プランに乳幼児配慮はどこまで必要か？	―	―	○	○
	③入口錠 ・幼児連れで使用する際に、幼児がドアを開けてしまわないように、幼児の手の届かない高さに補助の錠を設ける。	・一般トイレ内に設置されていればよい		―	―	○	○

8 電気関連	①呼び出し装置など ・緊急時に備え、確認音・ランプ付呼び出し装置、廊下標示ランプ、事務所等警報盤を設ける。 ・呼び出しボタンは転倒時に操作できる高さに設ける（床面より30〜40cm程度）。		○	○	○	—
	②操作スイッチなど ・照明スイッチ、扉の開閉ボタンは、車いすでの利用を考慮し、操作しやすい位置に設ける。（床面より100cm程度）		○	○	○	—
9 床面（表面）	①清掃性がよく安全性に配慮した床材 ・水洗いができ、かつ濡れた状態でも滑りにくい仕上げ材料を選択する。 ・排水溝などを設ける必要のある場合は、転倒しても衝撃の少ない材料を使用する。 ・歩行困難者にとって危険にならないように、配慮を考慮する。 ・床面は、高齢者、障害者等の通行の支障となる段差を設けないこととする。	タイルなど	○	○	○	○
10 位置	①設置場所 ・トイレはだれもが利用しやすく分かりやすい位置に設ける。		○	○	○	○
	②バリエーション設置 ・トイレの利用形態は、障害の多様さによって多種多様である。このため、トイレを複数設ける場合には、便房内の設備やレイアウトを変え、できるだけ多くの人の利用が可能となるようにする。	・左右勝手違い、 ・便器の形状違い ・おむつ交換シートの有・無 ・多目的流しの有・無 など	○	○	○	○
	③左右からアプローチできる便器配置 ・手助けが必要（有損害等）が左右どちらからでも（好きな方から）アプローチすることができる便器配置とする。 ・二人の介助者等が介助しやすい配置とする。	便器の両側を可動式手すりとし、車いすのアプローチ、介助者のスペースを作ったプラン	—	—	—	—
			○	—	○	—
	大便器洗浄ボタン、非常呼び出しボタンや、棚等が、便器の後ろの壁への設置となり、使いにくい。 ・縦手すりが無いため、縦手すりを使う立位をとられる方の場合、使いにくい。 ●論点5：同様なトイレプランの要否					
11 標示	・トイレの入口付近には、車いす使用者、高齢者、乳幼児を連れた者等が利用できる旨を標示する。 ・案内板等に便所の位置を標示する。 ・視覚障害者に配慮し、点字表示とする。		○	○	○	○

(2) 一般客便所（身体障害者用便所と置換する項目は除く）

	望ましい設備	対策	論点	(1)基本プラン	(2)おむつ交換シート付プラン	(3)おむつ交換シート、汚物流し付プラン	(4)一般トイレ
1 トイレブースの大きさ	①障害者から杖使用者まで利用できる広さのブース・杖使用者が使いやすい広さを確保したブースを1ヶ所以上設けることが望ましい。奥行き寸法は、140cm程度、ブースの幅は 85cm～100cm 程度確保する。出入口の有効幅は 75cm（最小 65cm）を確保する。			―	―	―	○
2 大便器まわりの設備	①様々な人の使い勝手を考慮した大便器・一般便所内の1ヶ所以上の大便器ブースを車椅子使用者（移乗自立）対応とし、大便器は手すりなどを設けた仕様とする。・大便器のうち、一ヶ所以上は腰掛け便器を設置することが望ましい。	大便器		―	―	―	○
3 小便器まわりの設備	①様々な人の使い勝手を考慮した小便器・小便器は、子供にも使い易い床置き式ストール小便器又は低リップタイプの壁掛け小便器を設置する。・一般便所内の小便器1ヶ所は、杖使用者や車椅子使用者対応として手すり付とする。	床置き式ストール小便器　低リップタイプ小便器　US一体型小便器		―	―	―	○
	②小便器の洗浄・洗浄操作が不要で、流し忘れの無い自動洗浄が望ましい。			―	―	―	○
4 手すり	①大便器の手すり・手すりは便器の両側の利用しやすい位置に、垂直、水平に設ける。	垂直の手すりは、立位を保持できる人に有効。 大便器の手すり		―	○	―	○
	②小便器の手すり・歩行困難者が使用するにあたり、胸部でよりかかれるよう、両側によりかかれるような形状にも配慮すること、隣当てで突き出した手すりの先端部が110cm～120cm程度の高さになるように設置する。	小便器の手すり		―	―	―	○

112

資料編

5 乳幼児配慮	③洗面器の手すり・洗面器のうちらちらくともも1ヶ所以上は手すりに設ける。	洗面器用手すり	—	—	—	○
	①ベビーシート・便所内の混み具合に左右されないように入口付近にコーナーを設け、おむつ替えができるように収納式のシートを設ける。・大便器ブース内にベビーシートを設置する場合は、ベビーカーが他の一般便所使用者のさまたげがないように、便所入口に一番近い使い大便器ブースにベビーシートを設置する。	ベビーシート	・車いす利用の障害者にならないように配置する。	—	(○)おむつ交換シート	(○)おむつ交換シート
	②おむつ用ゴミ箱 使用済みのおむつなどを捨てることが出来、臭いが漏れない大きい汚物入れのベビーシートのそばに設ける。	足踏み式で蓋の開閉ができるごみ箱	・汚物の処理などの管理面での負荷が増大する。	—	—	○
	③ベビーチェア・乳幼児連れでも安心して用足しできるように、ベビーチェアを大便器ブースに設置する。・男女別に多くのブースがある便所では、男女別に複数ベビーチェアを設置する。・便所内だけでなく洗面コーナーにも、乳幼児連れが安心して手洗いできるように、ベビーチェアを設置する。	ベビーチェア	・車いす利用の障害者にならないように配置する。	—	—	○
	④水石けん付手洗器・ベビーシートのそばにおむつ替えで汚れた手を洗える水石けん付手洗器を設ける。	水石けん付手洗器		—	—	○

高齢者・身体障害者等に配慮したトイレプラン バリエーション

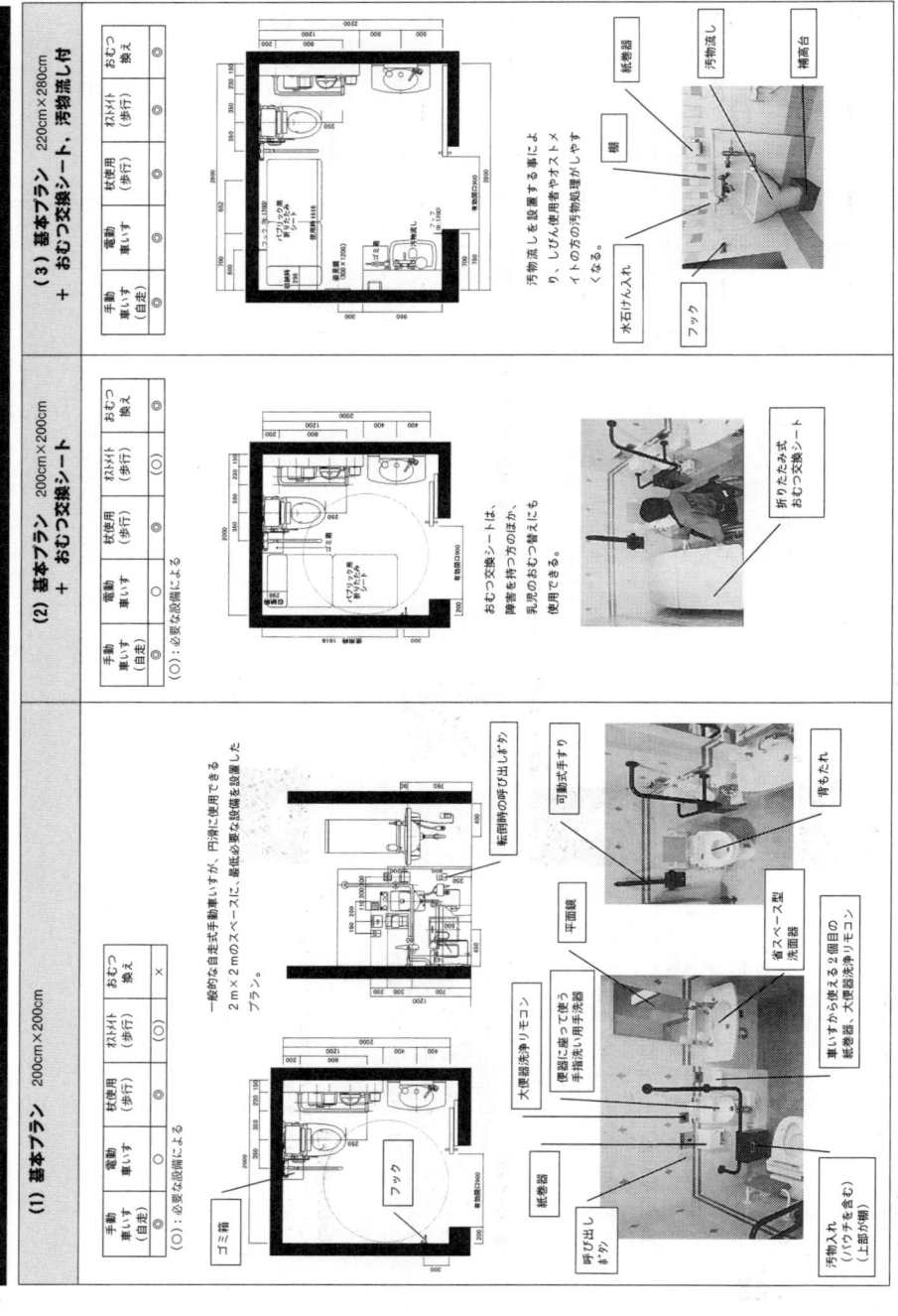

(1) 基本プラン 200cm×200cm

手動車いす(自走)	電動車いす	杖使用(歩行)	松葉杖(歩行)	おむつ換え
◎	○	◎	◎	×

(○)：必要な設備による

一般的な自走式手動車いすが、円滑に使用できる2m×2mのスペースに、最低必要な設備を設置したプラン。

転倒時の呼び出しボタンを設置

- ゴミ箱
- フック
- 呼び出しボタン
- 紙巻器
- 汚物入れ(パウチを含む)(上部が棚)
- 大便器洗浄リモコン
- 車いすから座って使える(便房洗い用手洗器、大便器洗浄リモコン)
- 省スペース型洗面器
- 平面鏡
- 可動式手すり
- 背もたれ

(2) 基本プラン 200cm×200cm ＋ おむつ交換シート

手動車いす(自走)	電動車いす	杖使用(歩行)	松葉杖(歩行)	おむつ換え
◎	○	◎	◎	○

(○)：必要な設備による

おむつ交換シートは、障害を持つ方のほか、乳幼児のおむつ替えにも使用できる。

折りたたみ式おむつ交換シート

(3) 基本プラン 220cm×280cm ＋ おむつ交換シート、汚物流し付

手動車いす(自走)	電動車いす	杖使用(歩行)	松葉杖(歩行)	おむつ換え
◎	◎	◎	◎	◎

汚物流しを設置する事により、しびん使用者やオストメイトの方の汚物処理がしやすくなる。

- 紙巻器
- 汚物流し
- 補高台
- 棚
- 水石けん入れ
- フック

一般旅客便所プラン

（4）一般旅客便所　参考プラン

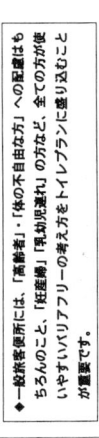

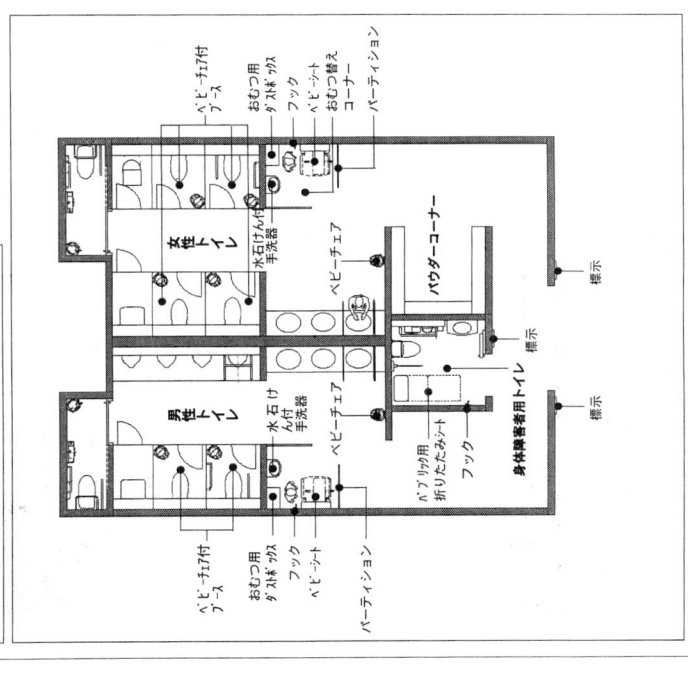

◆ 一般旅客便所には、「高齢者」「体の不自由な方」への配慮はもちろんのこと、「妊産婦」「乳幼児連れ」の方々など、全ての方が使いやすいバリアフリーの考え方をトイレプランに盛り込むことが必要です。

＜プランニングのポイント＞

1. 男女の区別のある一般旅客便所には、「身体障害者専用トイレ」を入口付近に設置する。

2. 一般旅客便所には、高齢者や体の不自由な方が使いやすいトイレを1ヶ所以上、入口に近い位置に器具を「手すり付仕様」とする。

3. 乳幼児連れの方への配慮として、大便器ブースの内に、「ベビーチェア」と、一般使用者の動線をさまたげない位置におむつ替えコーナーを設け、ベビーシートなどの器具を男女別に設置する。
（一般旅客便所内にベビーシートが設置されていれば、身体障害者便所にはこの限りではない）
洗面コーナー脇にも「ベビーチェア」の設置が望ましい。

4. おむつを替える際に汚れた手を洗える設備として、ベビーシートのすぐそばに衛生面への配慮から「水石けん付手洗器」の設置が望ましい。

5. 男女別の標示、便所への誘導案内、構造をわかりやすく〈標示する〉。又、上記の標示を視覚障害者にも示すために、「点字による案内表示」その他の設備を設ける。

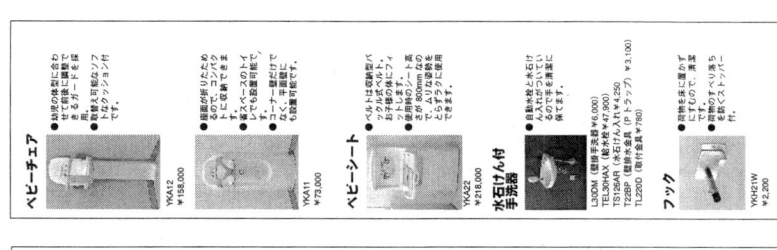

＜設備器具例＞

ベビーチェア
YKA12　¥158,000

ベビーシート
YKA11　¥73,000

ベビーベッド
YKA22　¥218,000

水石けん付手洗器
L30DM（便器手洗器）¥6,000）
TEL30HAX（総水栓）¥47,900）
TS126AR（水石けん入）¥4,250
T28BP（便座水栓金（P トラップ）¥3,100）
TL220D（排栓金具）¥780

フック
YKH21W　¥2,200

●付録資料

オストメイトとは

どのような障害か

オストメイトとは、大腸がん、ぼうこうがんなどの治療のために人工肛門、人工ぼうこう（ストーマ）をつくった患者のこと。日本には約20万人以上のオストメイトがいるといわれている。
手術によってお腹部に「排泄口」（ラテン語でストーマ）をつくる治療のことで、人工的に腹部に排泄口（ラテン語でストーマ）といわれている。

人工肛門、人工ぼうこう（ストーマ）とは

腹部に作られた排泄口で、便が排出される「消化器系ストーマ」と尿が排出される「尿器系ストーマ」がある。
ストーマを持つと肛門のように便意や尿意を感じたり我慢したりすることができない。自分の意思とは関係なく出てきてしまう便や尿を管理するために、排泄物を受けとめるための袋（パウチ）をストーマの上に貼り装着して排泄物を処理している。

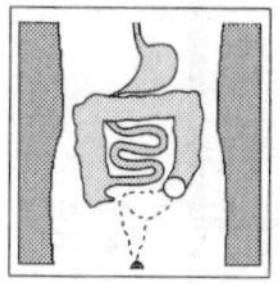

コロストミー（結腸ストーマ）
便は軟便〜固形

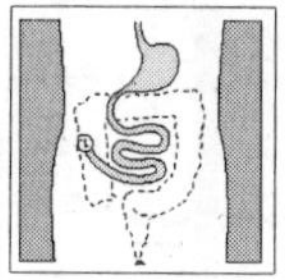

イレオストミー（回腸ストーマ）
便はだいたい水様

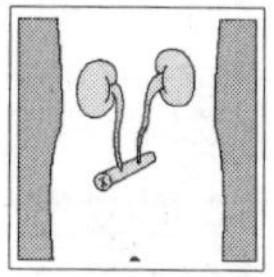

ウロストミー（人工ぼうこう）
腎臓から回腸の一部などを経て尿を排出する。

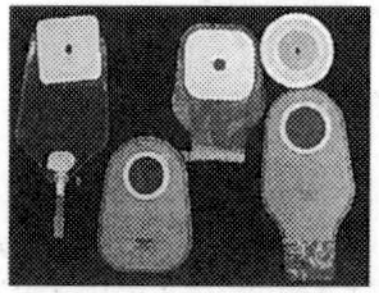

パウチ各種

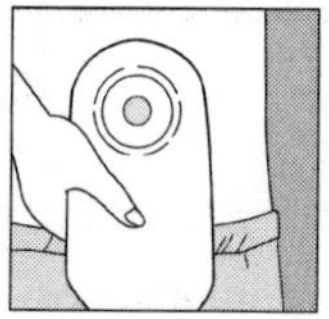

パウチの装着
皮膚保護材の付いたパウチをストーマの上に装着する

自然排出
パウチにたまった排泄物を便器内に排泄する

外出先での排泄処理について

通常のパウチの処理の他、便の漏れやパウチ外れなどのトラブル時にも、安心して使えるトイレが必要。

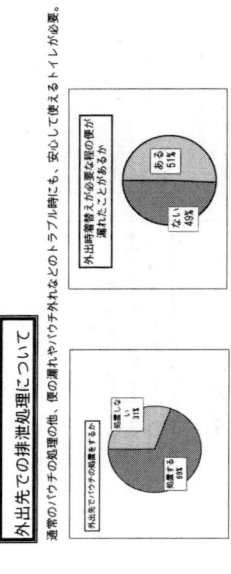

[円グラフ：外出時着替えが必要な程の便が漏れたことがあるか　ある51%　ない49%]

[円グラフ：外出先でパウチの処理をするか　処理する69%　処理しない31%]

アンケートデータ　対象：オストメイト68名（男46名、女22名）1998年TOTO調査

トイレ内での行動（現状⇒要望する設備）

通常時
- スボン、スカートを脱ぐ → フックや荷物棚に服をかける ⇒フック、荷物棚
- トイレットペーパーを準備する → すぐに手でとるように紙を丸めて準備する ⇒便器の近くの棚
- パウチから便を開放する → 手が汚れる
- パウチから便を絞り出し、大便器に捨てる → 便がはねないような姿勢をとり始める
- 大便器洗浄 → 準備した紙で紙で拭き取る
- 手洗い → 手に付着した汚れを洗い流す ⇒個室内に手洗器

トラブル時
- 汚れた衣類、パウチを外す ⇒要望する設備　パウチは便器の水ですすいで持参のゴミ袋に入れる
- 体についた汚れを拭き取る → ウエットティッシュ、やガーゼなどを使用 ⇒お湯が使える水栓
- 新しいパウチに交換する → 新しいパウチなどをストックしておく ⇒荷物棚　パウチの装着状態を確認する ⇒大きな鏡
- 汚れ物（衣類など）を洗う → 大便器の洗浄水や洗面器で洗い流し ⇒多目的流し
- 衣類を着替える
- 手洗い → 手に付着した汚れを洗い流す

116

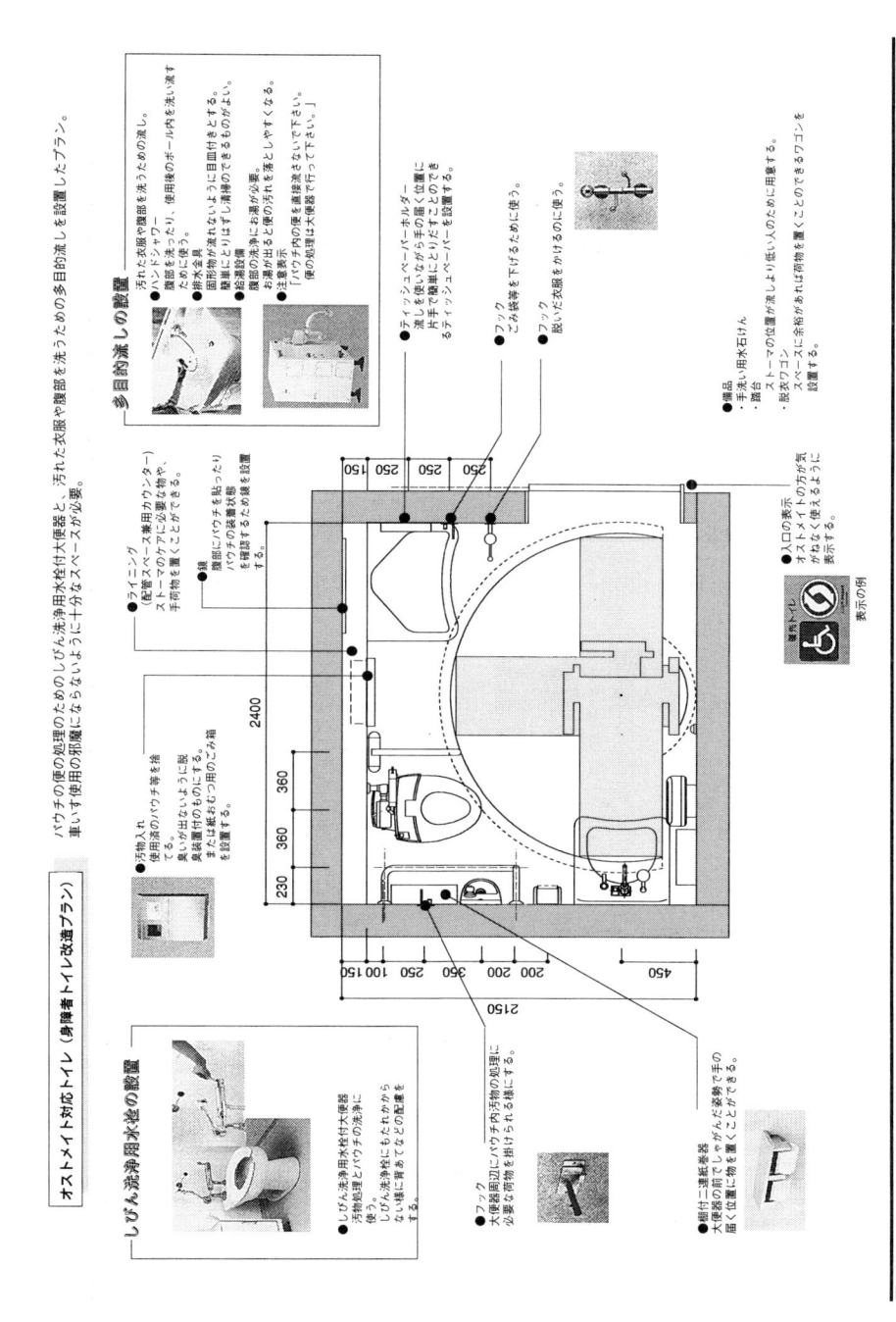

オストメイト対応トイレ（身障者トイレ改造プラン）

バウチの便の処理のためのしびん洗浄用水栓付大便器と、汚れた衣服や腹部を洗うための多目的流しを設置したプラン。車いす使用者使用の邪魔にならないように十分なスペースが必要。

多目的流しの設置

- **ハンドシャワー**
  汚れた衣服や腹部を洗うための流し。

- **排水金具**
  顔部を洗ったり、使用後のボール内を流すために使う。
  固形物が流れないように目皿付きとする。
  簡単にとりはずし清掃のできるものがよい。

- **給湯設備**
  腹部の洗浄にお湯が必要。
  お湯が出ると便の汚れを落としやすくなる。

- **注意表示**
  「バウチ内の便を直接流さないでください。便の処理は大便器で行ってください。」

- **ティッシュペーパーホルダー**
  流しを使いながら手の届く位置に、トイレットペーパーとはちがいちょっと使って片手で簡単にとりだすことのできるティッシュペーパーを設置する。

- **フック**
  ごみ袋等を下げるために使う。

- **フック**
  脱いだ衣類をかけるのに使う。

- **備品**
  ・手洗い用水石けん
  ・踏みトレーの位置がしより低い人のために用意する。
  ・脱衣ワゴン／余裕があれば荷物を置くことのできるワゴンを設置する。

しびん洗浄用水栓の設置

- **しびん洗浄用水栓付大便器**
  使う。
  しびん洗浄物にもバウチ内汚物の処理と、バウチの洗浄に
  しびん洗浄物にはバウチ内汚物の処理と必要な位置に背をなどの配慮をする。

- **フック**
  大便器周囲にバウチ内汚物の処理に必要な物を置く。

- **棚付二連紙巻器**
  大便器の前でしゃがんだ姿勢でも手の届く位置に物を置くことができる。

オストメイト対応トイレ（身障者トイレ改造プラン）

- **汚物入れ**
  使用済のバウチ等を捨てる。
  臭いが出ないように密閉装置のものにする。
  または紙おむつ用のごみ箱を設置する。

- **ライニング**（配管スペース兼用カウンター）
  障害のケアにバウチを貼ったりストーマ用のパウチを貼ったり手術後の装着状態をチェックするための鏡を設置する。

- **鏡**
  腹部の装着状態を確認するため。

- **入口の表示**
  オストメイトの方が気がつかなくなく使えるように表示する。

表示の例

オストメイト対応トイレ（身障者トイレ改造プラン）　S＝1：20

● 参考資料

オストメイト対応トイレ（一般トイレブース改造プラン）

トイレブース2箇所を一つにまとめて広くしたブースに、パウチの処理のためのしびん洗浄用水栓金具付大便器と、汚れた衣類や腹部の洗浄のための多目的流しを設置したプラン。

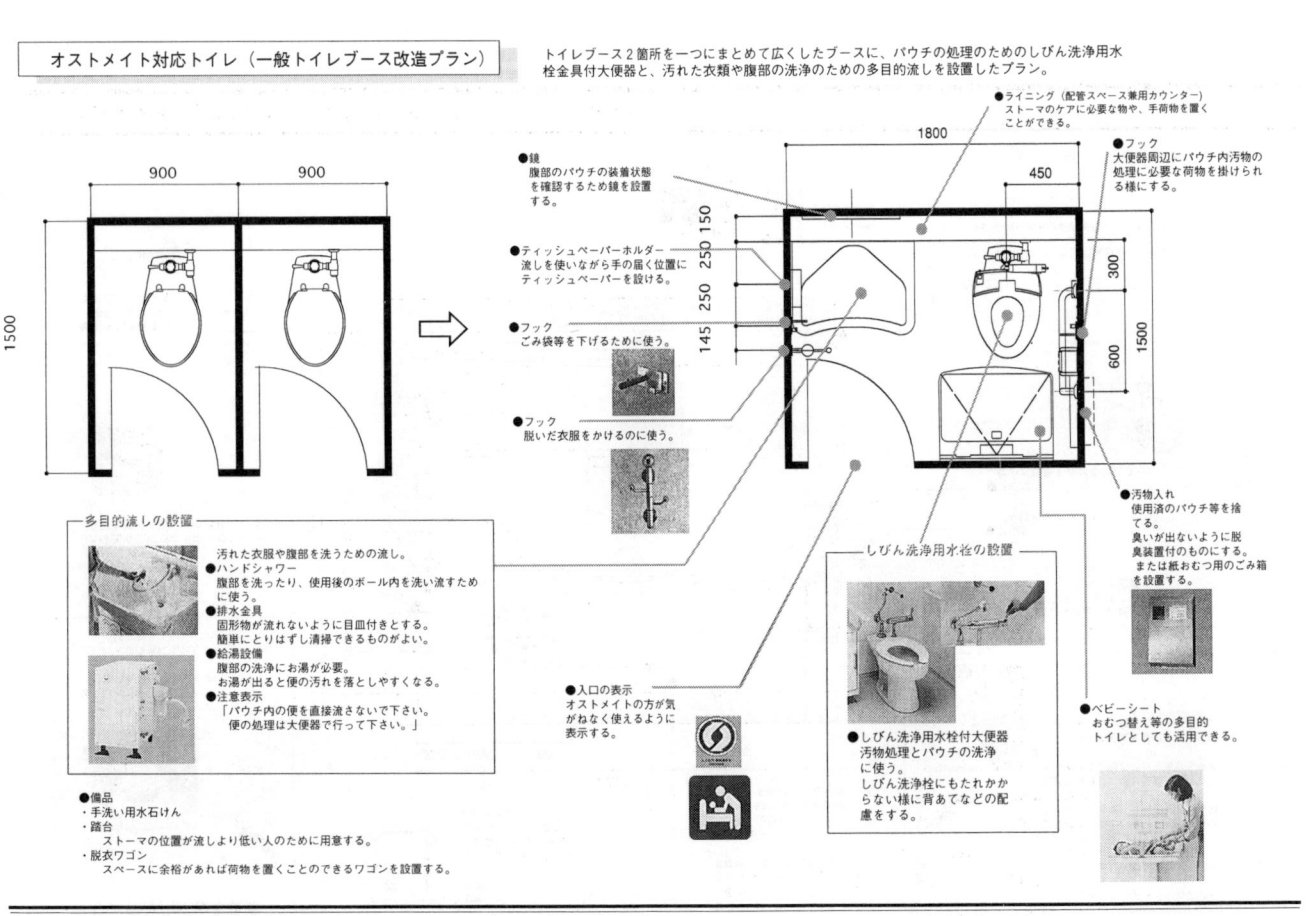

多目的流しの設置

汚れた衣服や腹部を洗うための流し。
- **ハンドシャワー**：腹部を洗ったり、使うに使う。
- **排水金具**：固形物が流れないよう目皿付きなのがよい。
- **簡単脱着設備**：簡単にとりはずし清掃できるものがよい。
- **給湯設備**：腹部の洗浄にお湯が必要。お湯が出るとお便の汚れを落としやすくなる。
- **注意表示**：「パウチ内の便を直接流さないで下さい。便の処理は多目的大便器で行って下さい。」

備品
- 手洗い用水石けん
- 踏台
- ストーマの位置が流しより低い人のために使用する。
- 脱衣ワゴン
- スペースに余裕があれば荷物を置くことのできるワゴンを設置する。

各部の設置内容

- **鏡**：腹部のパウチの装着状態を流しを使いながら確認するための鏡を設置する。
- **ティッシュペーパーホルダー**：流しを使いながら手の届く位置にティッシュペーパーを設けるに使う。
- **フック**：ごみ袋を下げるために使う。
- **フック**：脱いだ衣服をかけるのに使う。
- **入口の表示**：オストメイトの方が気がねなく使えるように表示する。

- **ライニング**（配管スペース大便用カウンター）：ストーマのケアに必要な荷物や、手荷物を置くことができる。
- **フック**：大便器スペース大便用カウンター
- **荷物入れ**：大便器周辺にパウチ内汚物の処理と必要な荷物を掛けられる様にする。
- **フック**：臭いが出ないように密閉性付のものにする。臭気装付のおむつ用のごみ箱を設置できる。
- **ベビーシート**：おむつ替え等の多目的トイレとしても活用できる。
- **しびん洗浄用水栓の設置**：しびん洗浄用水栓付大便器：汚物処理とパウチの洗浄に使う。しびん洗浄にもたれかからない様に背もたれなどの配慮をする。

S=1:20

バック：DIC543

書体：太丸ゴシック

優先トイレ

225

S=1/1　単位/mm

18

170

6.7
5.8

書体：太丸ゴシック

人工肛門・膀胱造設者
Ostomate

ブルー：DIC182

資料編

119

資料3　トイレモデルプラン
　　　　（ガイドラインに対応したトイレの例を示す）

参考（1）：トイレの配置例

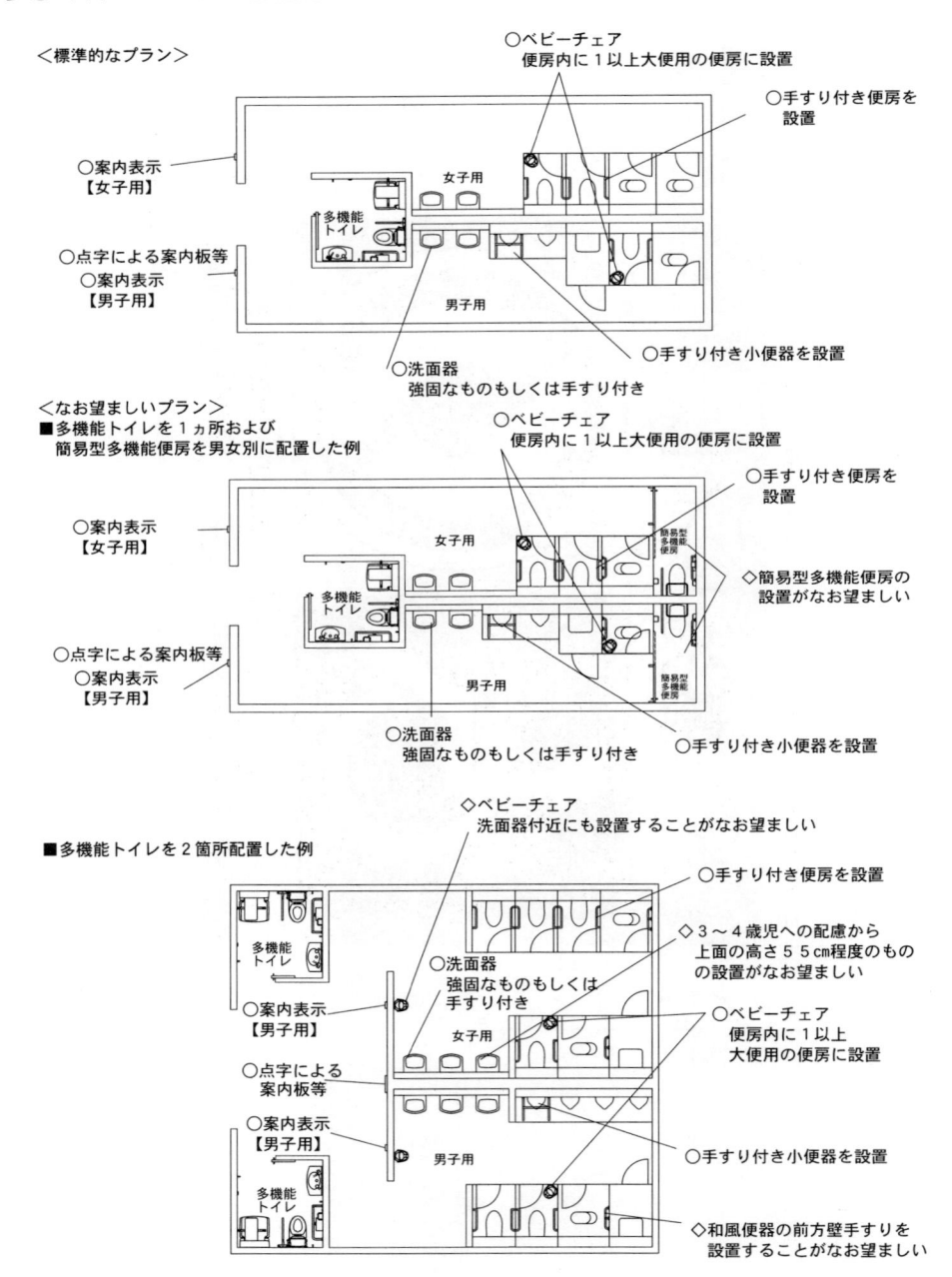

＜標準的なプラン＞

- ○案内表示【女子用】
- ○点字による案内板等
- ○案内表示【男子用】
- ○ベビーチェア　便房内に1以上大便用の便房に設置
- ○手すり付き便房を設置
- ○洗面器　強固なものもしくは手すり付き
- ○手すり付き小便器を設置

＜なお望ましいプラン＞

■多機能トイレを1ヵ所および簡易型多機能便房を男女別に配置した例

- ○案内表示【女子用】
- ○点字による案内板等
- ○案内表示【男子用】
- ○ベビーチェア　便房内に1以上大便用の便房に設置
- ○手すり付き便房を設置
- ◇簡易型多機能便房の設置がなお望ましい
- ○洗面器　強固なものもしくは手すり付き
- ○手すり付き小便器を設置

■多機能トイレを2箇所配置した例

- ◇ベビーチェア　洗面器付近にも設置することがなお望ましい
- ○案内表示【男子用】
- ○点字による案内板等
- ○案内表示【男子用】
- ○洗面器　強固なものもしくは手すり付き
- ○手すり付き便房を設置
- ◇3～4歳児への配慮から上面の高さ55cm程度のものの設置がなお望ましい
- ○ベビーチェア　便房内に1以上大便用の便房に設置
- ○手すり付き小便器を設置
- ◇和風便器の前方壁手すりを設置することがなお望ましい

参考（2）：簡易多機能便房の例

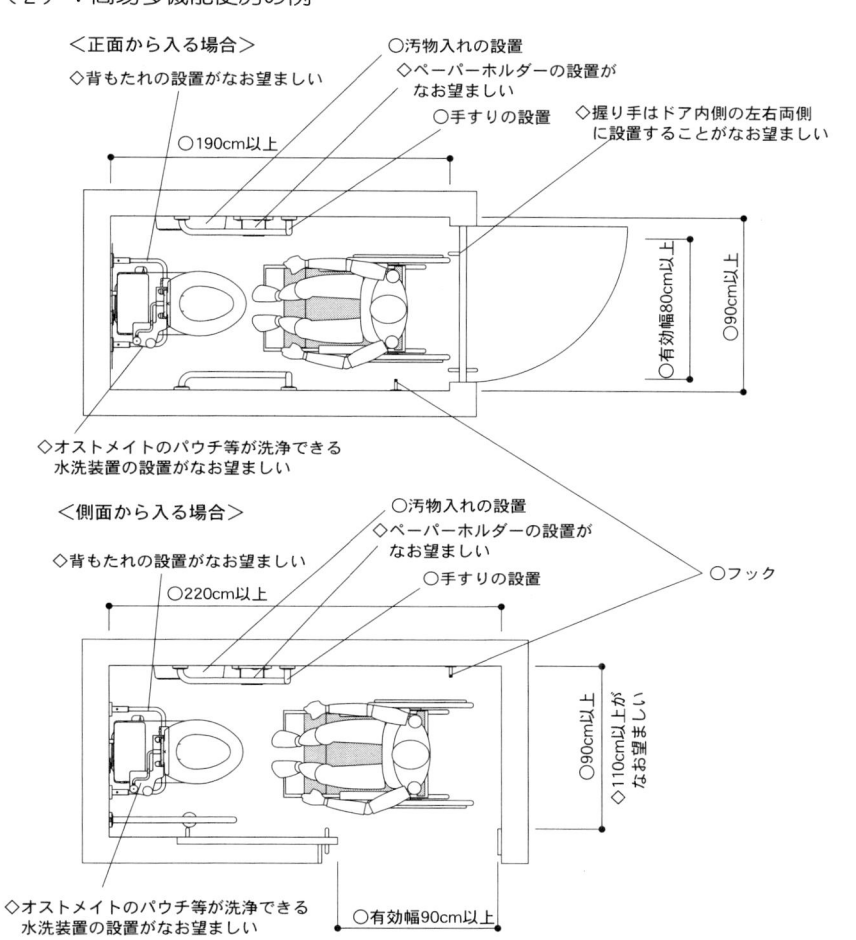

＜正面から入る場合＞

- ◇背もたれの設置がなお望ましい
- ◇汚物入れの設置
- ◇ペーパーホルダーの設置がなお望ましい
- ○手すりの設置
- ◇握り手はドア内側の左右両側に設置することがなお望ましい
- ○190cm以上
- ○有効幅80cm以上
- ○90cm以上
- ◇オストメイトのパウチ等が洗浄できる水洗装置の設置がなお望ましい

＜側面から入る場合＞

- ◇背もたれの設置がなお望ましい
- ○汚物入れの設置
- ◇ペーパーホルダーの設置がなお望ましい
- ○手すりの設置
- ○フック
- ○220cm以上
- ○90cm以上
- ◇110cm以上がなお望ましい
- ◇オストメイトのパウチ等が洗浄できる水洗装置の設置がなお望ましい
- ○有効幅90cm以上

資料編

参考（3）：多機能トイレの例1（標準的なプラン）

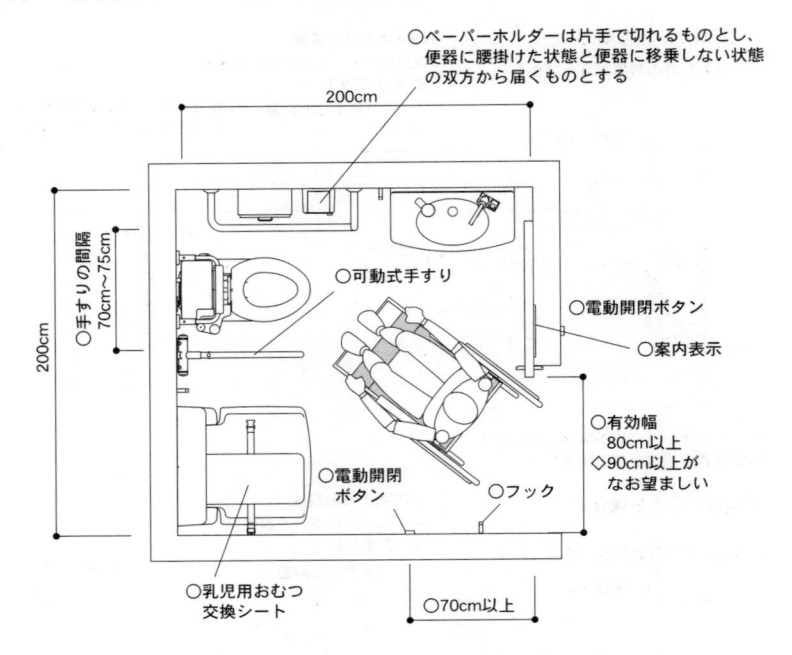

○ペーパーホルダーは片手で切れるものとし、便器に腰掛けた状態と便器に移乗しない状態の双方から届くものとする

200cm

○手すりの間隔 70cm〜75cm

200cm

○可動式手すり

○電動開閉ボタン

○案内表示

○電動開閉ボタン

○フック

○有効幅
80cm以上
◎90cm以上がなお望ましい

○乳児用おむつ交換シート

○70cm以上

資料編
122

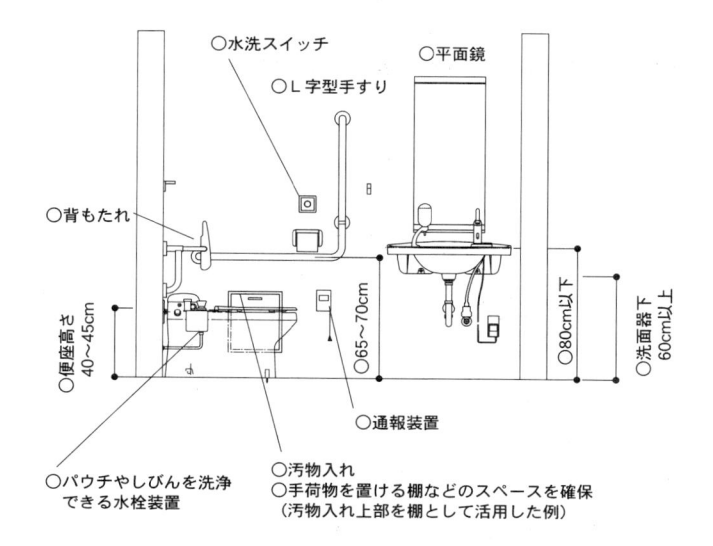

○水洗スイッチ
○平面鏡
○L字型手すり
○背もたれ
○便座高さ 40〜45cm
○65〜70cm
○80cm以下
○洗面器下 60cm以上
○パウチやしびんを洗浄できる水栓装置
○汚物入れ
○手荷物を置ける棚などのスペースを確保
（汚物入れ上部を棚として活用した例）
○通報装置

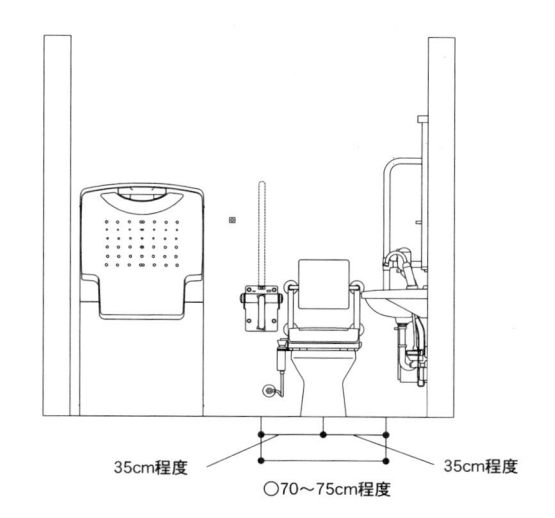

35cm程度　○70〜75cm程度　35cm程度

参考（4）：多機能トイレの例2（なお望ましいプラン）

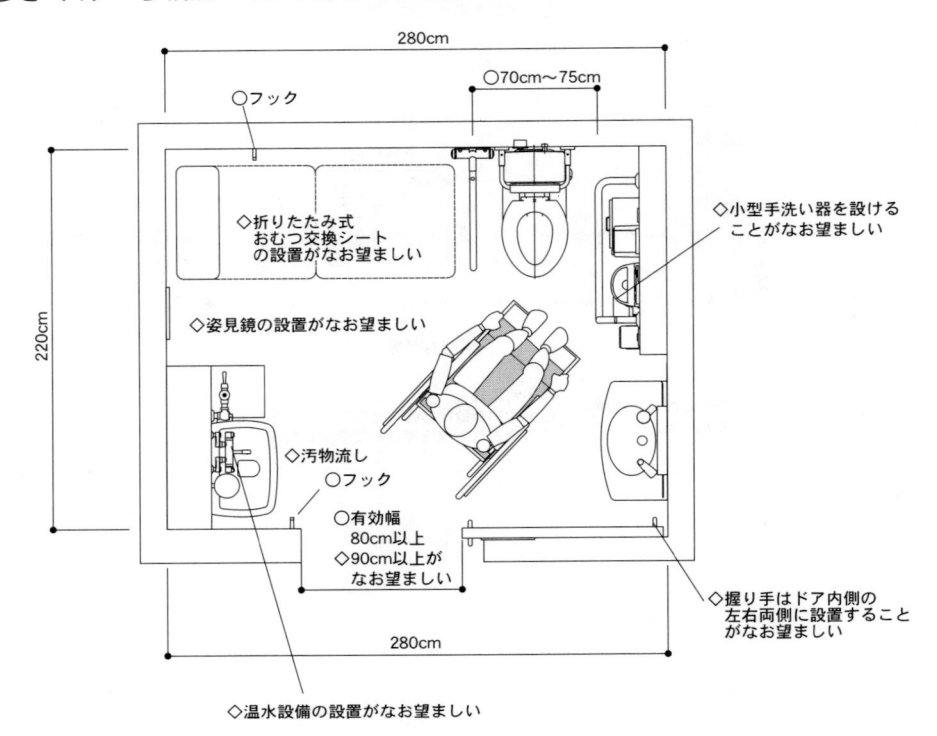

280cm / ○70cm〜75cm / 220cm / 280cm

○フック
◇折りたたみ式おむつ交換シートの設置がなお望ましい
◇小型手洗い器を設けることがなお望ましい
◇姿見鏡の設置がなお望ましい
◇汚物流し
○フック
○有効幅80cm以上
◇90cm以上がなお望ましい
◇握り手はドア内側の左右両側に設置することがなお望ましい
◇温水設備の設置がなお望ましい

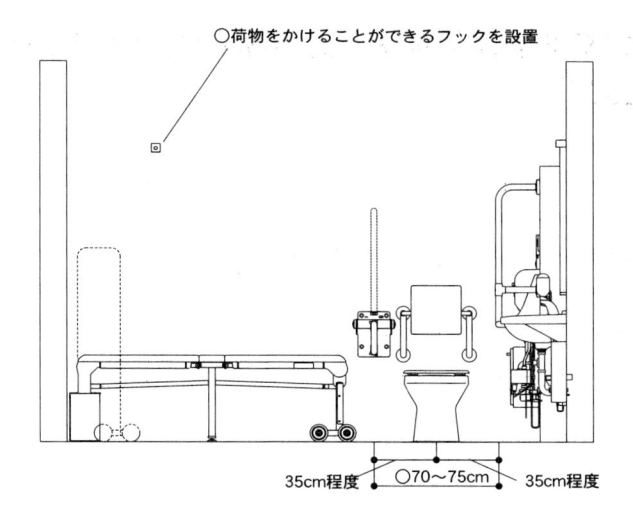

○荷物をかけることができるフックを設置

35cm程度　○70〜75cm　35cm程度

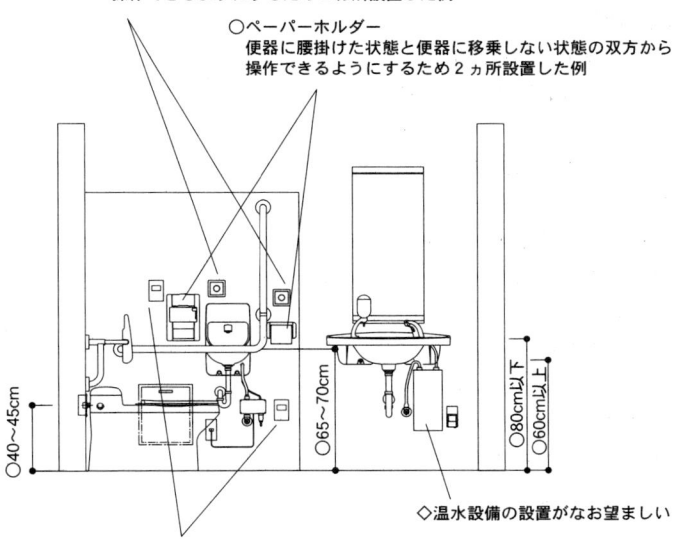

○水洗スイッチを設置
便器に腰掛けた状態と便器に移乗しない状態の双方から操作できるようにするため2ヵ所設置した例

○ペーパーホルダー
便器に腰掛けた状態と便器に移乗しない状態の双方から操作できるようにするため2ヵ所設置した例

○40〜45cm　○65〜70cm　○80cm以下　○60cm以上

◇温水設備の設置がなお望ましい

○通報装置を設置
便器に腰掛けた状態と便器に移乗しない状態の双方から操作できるようにするため2ヵ所設置した例

資料4　公共交通機関旅客施設の移動円滑化整備ガイドライン（全文）

> 平成13年8月
> 交通エコロジー・モビリティ財団

目次
　序　公共交通機関旅客施設の移動円滑化整備ガイドラインについて
　第一部　旅客施設共通
　　第一章　移動経路に関するガイドライン
　　　①移動円滑化された経路
　　　②公共用通路との出入口
　　　③乗車券等販売所、待合室、案内所の出入口
　　　④通路
　　　⑤傾斜路（スロープ）
　　　⑥階段
　　　⑦昇降機（エレベーター）
　　　⑧エスカレーター
　　第二章　誘導案内設備に関するガイドライン
　　　①視覚表示設備
　　　②視覚障害者誘導案内用設備
　　第三章　施設・設備に関するガイドライン
　　　①トイレ
　　　②乗車券等販売所・案内所
　　　③券売機
　　　④休憩等のための設備・その他
　第二部　個別の旅客施設に関するガイドライン
　　第一章　鉄軌道駅
　　　①鉄軌道駅の改札口
　　　②鉄軌道駅のプラットホーム
　　第二章　バスターミナル
　　　①バスターミナルの乗降場
　　第三章　旅客船ターミナル
　　　①乗船ゲート
　　　②桟橋・岸壁と連絡橋
　　　③タラップその他乗降用設備
　　第四章　航空旅客ターミナル
　　　①航空旅客保安検査場の通路
　　　②空港旅客搭乗橋
　　　③空港旅客搭乗改札口
　おわりに

序　公共交通機関旅客施設の移動円滑化整備ガイドラインについて

1．背景

　平成12年11月15日に、「高齢者、身体障害者等の公共交通機関を利用した移動の円滑化の促進に関する法律（交通バリアフリー法）」が施行された。交通バリアフリー法は、①公共交通機関の旅客施設及び車両等のバリアフリー化を推進すること、及び②旅客施設を中心とした一定の地区において、市町村が作成する基本構想に基づき、旅客施設、周辺の道路、駅前広場等のバリアフリー化を重点的かつ一体的に推進することを内容としたものであり、同法に基づいて、公共交通事業者等が旅客施設や車両等を整備・導入する際の基準である移動円滑化基準が定められている。

　この交通バリアフリー法及び移動円滑化基準の施行を契機に、「公共交通ターミナルにおける高齢者・障害者等のための施設整備ガイドライン」（昭和58年策定、平成6年改訂）についても、今般、その性格も含め必要な見直しを行うこととしたものである。

2．性格

　本整備ガイドラインは、交通バリアフリー法に基づく移動円滑化基準が義務基準として遵守すべき内容を示したものであるのに対し、多様な利用者の多彩なニーズに応え、すべての利用者がより円滑に利用できるよう、公共交通機関の旅客施設の整備の望ましい内容を示すものである。公共交通事業者等は本整備ガイドラインに従うことが義務付けられるものではないが、本整備ガイドラインを目安として施設整備を行うことが望ましい。

　本整備ガイドラインは義務基準として遵守すべき内容を示すものではないため、個々の内容ごとに例外条項を記述することはしていないが、構造上の制約等により本整備ガイドラインに沿った整備が行えないことも考えられる。他方、本整備ガイドラインを超えた内容や本整備ガイドラインに記載のない内容であっても、移動円滑化に値する内容については、公共交通事業者等は積極的に実施するよう努力することが望ましい。

3．対象施設と対象者

　本整備ガイドラインの対象施設は、交通バリアフリー法に定められた旅客施設（鉄道駅・軌道駅、バスターミナル、旅客船ターミナル、航空旅客ターミナル施設）である。車両等については、別途策定されている公共交通機関の車両に関するモデルデザイン等を目安として整備を行うことによりバリアフリー化を推進することが望まれる。

　本整備ガイドラインの検討において主な対象者として検討したのは、高齢者、障害者、妊婦、外国人等、移動に何らかの不自由のあるいわゆる移動制約者であるが、移動制約者はもとよりすべての人にとって使いやすいものが望ましいという、いわゆるユニバーサルデザインの考え方にも配慮しており、本整備ガイドラインに沿った整備により、すべての利用者にとって使いやすい旅客施設となることが期待される。

◆本整備ガイドラインにおける対象者と対象とするケース

対象者	対象と想定するケースの例
高齢者	・歩行が困難な場合 ・視力が低下している場合 ・聴力が低下している場合
肢体不自由者（車いす使用者）	・車いすを利用
肢体不自由者（車いす以外）	・杖などを使用している場合 ・長時間の歩行や階段、段差の昇降が困難な場合
内部障害者	・長時間の歩行や立っていることが困難な場合 ・オストメイト（人工肛門、人工膀胱造設者）
視覚障害者	・全盲 ・弱視
聴覚・言語障害者	・全聾 ・難聴 ・言語に障害がある場合
知的障害者	・単独で利用する場合
外国人	・日本語が理解できない場合
その他	・妊産婦 ・一時的なけがの場合 ・乳幼児連れ ・重い荷物を持っている場合 ・初めて駅を訪れる場合

◆本整備ガイドラインにおける基本的な寸法

■車いす使用者の必要寸法
●車いすの幅：手動車いす及び電動車いすを想定し、65cm
・市販の車いすは手動、電動とも多くが全幅65cm以下であることから、車いすの幅を65cmとした。なお、JIS規格の最大値は70cmである。
●車いすの全長：手動車いす及び電動車いすを想定し、110cm
・市販の車いすは手動、電動とも多くが全長110cm以下であることから、車いすの全長を110cmとした。なお、JIS規格の最大値は120cmである。
●通過に必要な最低幅：80cm
・出入りに必要な幅は、手動車いすがハンドリムを手で回転して移動するための動作のスペースを15cmとし、車いすの幅に加えた80cmが必要。
・電動車いすの場合、ハンドリムを手で回転させる動作はないが、障害の程度が手動車いす使用者よりも重い傾向にあることや操作ボックスの設置場所に対する余裕を見込むと、同じく80cmが必要。
●余裕のある通過に必要な最低幅：90cm
・余裕のある通過に必要な幅は、手動車いすがハンドリムを手で回転して移動するための動作

のスペースと余裕幅を25cmとし、車いすの幅を加えた90cmが必要。
・電動車いすの場合、ハンドリムを手で回転させる動作はないが、障害の程度が手動車いす使用者よりも重い傾向にあることや操作ボックスの設置場所に対する余裕を見込むと、手動車いすと同じ余裕幅25cmが必要であり、90cmが必要。

●車いすの通行に必要な幅：90cm
・車いすの通行には、車いすの振れ幅を考慮すると、90cmが必要。

●車いすと人のすれ違いの最低寸法：135cm
・車いすと人がすれ違うためには、車いすの振れ幅と人の寸法を加えた70cmの余裕幅が必要。

●車いすと車いすのすれ違いの最低寸法：180cm
・車いす同士がすれ違うためには、双方の車いすの通行に必要な余裕幅を確保した180cmが必要。

●車いすの回転に必要な広さ：180度回転できる最低寸法：140cm
・市販されている車いすが切り返しを行わずに180度回転できる必要寸法としては幅140cm、長さ170cmの空間が必要。

●車いすの回転に必要な広さ：360度回転できる最低寸法：150cm
・市販されている車いすが切り返しを行わずに360度回転できる必要寸法としては直径150cmの円空間が必要。

●電動車いすの回転に必要な広さ：360度回転できる最低寸法：180cm
・市販されている電動車いすが切り返しを行わずに360度回転できる必要寸法としては直径180cmの円空間が必要。

■松葉杖使用者の必要寸法
●松葉杖使用者が円滑に通行できる幅：120cm

4．本整備ガイドラインの活用について

　本整備ガイドラインの内容は、標準的な内容は○、なお一層望ましい内容は◇で示しており、優先順位の判断をする際の一つの目安となるようにしている。

　個々の旅客施設の整備に当たっては、各公共交通事業者等において、旅客施設の特性、利用状況、整備財源等に応じて優先順位を判断して行うこととなる。

　また、既存駅や地下駅などにおいて構造的な制約が多く、空間が十分確保できない場合等、本整備ガイドラインに沿った整備が困難な場合も想定されるが、その際も、本整備ガイドラインで示した考え方や根拠を十分認識した上で、バリアフリー化のための配慮を行うことが望まれる。

　公共交通機関旅客施設の移動円滑化整備にあたっては、以下の原則を踏まえ、個々の空間の条件に応じて本ガイドラインで規定する事項を適切に計画に反映することが望まれる。

1．移動しやすい経路
　高齢者、障害者等が、公共交通機関旅客施設を安全に無理なく移動できるよう、経路を可能な限り最短距離で、かつわかりやすく構成すること。

2．わかりやすい誘導案内設備
　公共交通機関旅客施設内において、高齢者、障害者等の移動を支援するため、空間をわかりやすくつくるとともに適切な誘導案内設備を設置すること。

> 3．使いやすい施設・設備
>   高齢者、障害者等が、安全かつ使いやすく利用できるものであること。また、施設・設備の場所・位置は、容易にアクセスできること。

第一部　旅客施設共通のガイドライン

第一章　移動経路に関するガイドライン

①移動円滑化された経路

　経路については、高齢者、身体障害者、妊産婦等すべての人が、可能な限り単独で、駅前広場や公共用通路など旅客施設の外部から旅客施設内へアプローチし、車両等へスムーズに乗降できるよう、すべての行程において連続性のある移動動線の確保に努めることが必要である。旅客の移動が最も一般的な経路（主動線）をバリアフリー化するとともに、他の経路についても可能な限りバリアフリー化することがなお望ましい。

1) 移動円滑化された経路
＜経路確保の考え方＞
○公共用通路との出入口と各ホームを結ぶ乗降動線（同一事業者の異なる路線相互の乗り換え経路を含む。）において旅客の移動が最も一般的な経路（主動線）をバリアフリー化する。
※公共用通路とは、旅客施設の営業時間内において常時一般交通の用に供される道路、駅前広場、通路等であって、旅客施設の外部にあるものをいう。
◇他の経路に関しても可能な限りバリアフリー化すること、特に線路によって地域が分断されている場合などは、各方面の主要出入口からバリアフリー経路を確保することがなお望ましい。
◇他の事業者や他の公共交通機関への乗り換え経路についても、バリアフリー化に向けて配慮することがなお望ましい。

＜垂直移動設備の優先順位＞
○車いす使用者の単独での利用を考え、エレベーターを設置することを原則とする。
○隣接する施設にエレベーターがある場合、その活用を図ることが可能であるが、その場合には十分な案内を設置するとともに、そのエレベーターは旅客施設の営業時間内において常時公共用通路と車両等の乗降口との間の移動を円滑に行うことができるものであり、かつ、本ガイドラインを満たしたものである必要がある。

②公共用通路との出入口

　公共用通路との出入口については、高齢者、身体障害者、妊産婦等すべての人が、駅前広場や公共用通路など旅客施設の外部からアプローチしやすく、わかりやすい配置とする。
　特に車いす使用者等が遠回りにならない動線上の出入口をバリアフリー化するよう配慮する。

1) 出入口の幅
○車いす使用者の動作に対する余裕を見込んだ90cm以上の有効幅を確保する。
◇車いす使用者同士のすれ違いを考慮すると180cm以上の有効幅を確保することがなお望ま

しい。
2）段差
　　○段差を設けない。特に、公共用通路と旅客施設の境界部分については管理区域及び施工区分が異なることによる段差が生じないように配慮する。
　　◇水処理、エキスパンジョンなどの関係から多少の段差が生じる場合についても、車いす使用者等の通行の支障にならないよう傾斜路を設ける等により段差が生じないようにすることがなお望ましい。
3）扉
　　扉を設ける場合は、下記の構造とする。
　　3－1）幅
　　　○扉を設ける場合は、車いす使用者の動作の余裕を見込んだ90cm以上の有効幅を確保する。
　　3－2）開閉構造
　　　○1以上の扉は自動式の引き戸とする。
　　　○自動開閉装置は、車いす使用者や視覚障害者の利用を考慮し、押しボタン式を避け、感知式とする等開閉操作の不要なものとする。その場合、戸の開閉速度を、身体障害者、高齢者等が使いやすいよう設定する。（開閉速度は、開くときはある程度速く、閉じるときは遅いほうがよい。）
　　3－3）ガラス戸
　　　○戸が透明な場合、衝突防止のための横線や模様などで識別できるようにする。
　　3－4）水平区間
　　　○扉の前後には、車いす1台が止まることができるよう120cm以上の長さの水平区間を設ける。
　　　◇なお、自動式扉でない場合は、車いすからの開閉動作のため車いすが回転できる150cm以上の長さの水平区間を設けることがなお望ましい。
　　3－5）枠・敷居
　　　○ドアの下枠や敷居により車いすの通行の支障となる段差を設けない。
4）床仕上げ
　　○床面は平で、濡れても滑りにくい仕上げとする。
5）溝ふた
　　○水切り用の溝ふたを設ける場合は、車いすの車輪が落ち込まないとともに、視覚障害者の白杖が落ち込まない構造のものとする。
6）ひさし
　　◇車いす使用者や肢体不自由者、視覚障害者等は傘をさすことが難しいため、屋外に通じる旅客施設の出入口には大きめのひさしを設置することがなお望ましい。

③乗車券等販売所、待合所、案内所の出入口
　　乗車券等販売所、待合所、案内所の各施設の出入口については、高齢者、身体障害者、妊産婦等すべての人がアプローチしやすいものとする。
　　特に車いす使用者等が遠回りにならないような動線上の出入口をバリアフリー化するよう配慮する。

1）出入口の幅
　　○車いす使用者の動作に対する余裕を見込んだ90cm以上の有効幅を確保する。
2）段差
　　○段差を設けない。
　　◇水処理、エキスパンジョンなどの関係から多少の段差が生じる場合についても、車いす使用者等の通行の支障にならないよう傾斜路を設ける等により段差が生じないようにすることがなお望ましい。
3）扉
　　扉を設ける場合は、下記の構造とする。
　　3－1）幅
　　　　○扉を設ける場合は、車いす使用者の動作の余裕を見込んだ90cm以上の有効幅を確保する。
　　3－2）開閉構造
　　　　○1以上の扉は自動式の引き戸とする。
　　　　◇自動開閉装置は、車いす使用者や視覚障害者の開閉動作を円滑にするため、押しボタン式を避け、感知式とする等手による開閉操作の不要なものとすることがなお望ましい。その場合、戸の開閉速度を、身体障害者、高齢者等が使いやすいよう設定する。（開閉速度は、開くときはある程度速く、閉じるときは遅いほうがよい。）
　　3－3）ガラス戸
　　　　○戸が透明な場合、衝突防止のための横線や模様などで識別できるようにする。
　　3－4）水平空間
　　　　○扉の前後には、車いす1台が止まることができるよう120cm以上の長さの水平区間を設ける。
　　　　◇自動式扉でない場合は、車いすからの開閉動作のため車いすが回転できる150cm以上の長さの水平区間を設けることがなお望ましい。
　　3－5）枠・敷居
　　　　○ドアの下枠や敷居により車いすの通行の支障となる段差を設けない。
4）床仕上げ
　　○床面は平で、濡れても滑りにくい仕上げとする。

④通路

　高齢者、身体障害者、妊産婦等、すべての人が旅客施設を円滑に移動できるよう連続性のある移動動線の確保に努めることが必要である。動線は可能な限り明快で簡潔なものとし、複雑な曲がり角や壁、柱、付帯設備などが突出しないよう配慮する。
1）表面
　　○床の表面は滑りにくい仕上げとする。
2）幅
　　○車いすで180度転回できるよう140cm以上の有効幅を確保する。
　　◇車いす使用者同士のすれ違いを考慮すると180cm以上の幅を確保することがなお望ましい。
3）段差
　　○同一フロアではレベル差を設けない。やむをえず設ける場合は傾斜路を設置する。

4）空中突起物
　　○空中突出物を設ける場合は、視覚障害者が白杖で感知できずに衝突してしまうことがないよう配慮して設置する。
5）手すり
　　○歩行に制約のある利用者に配慮して、手すりを設置することがなお望ましい。
　　◇手すりは2段とすることがなお望ましい。
　5－1）高さ
　　　○床仕上げ面から手すり中心までの高さ：上段H＝85cm程度、下段H＝65cm程度
　　　○1段の手すりとする場合：H＝80～85cm
　5－2）形状
　　　○丸状で直径4cm程度とする。
　5－3）材質
　　　◇冬期の冷たさに配慮した材質とすることがなお望ましい。
　5－4）位置
　　　○手すりを壁面に取り付ける場合は、壁と手すりのあきを5cm程度とする。
　5－5）端部
　　　○手すりの端部は壁面側又は下方に巻き込むなど端部が突出しない構造とする。
　5－6）点字
　　　○視覚障害者の誘導をする通路の手すりには、行き先を点字で表示する。
　　　◇点字にはその内容を文字で併記することがなお望ましい。
　　　○2段手すりの場合は上段の手すりに設置する。
　　　○点字は、はがれにくいものとする。
6）通路の明るさ
　　○コンコースや通路は高齢者や弱視者の移動を円滑にするため、充分な明るさを確保するよう採光や照明に配慮する。

⑤傾斜路（スロープ）

　　車いす使用者に対しては、段差を解消するスロープの設置が必要である。スロープの設置にあたっては、一般の利用者も通過しやすい動線上の位置に配置するとともに、幅や勾配は可能な限り余裕のあるものとするよう配慮する。
1）幅
　　○有効幅を120cm以上とする。
　　◇車いす使用者同士のすれ違いを考慮すると180cm以上の有効幅を確保することがなお望ましい。
2）勾配
　　○屋内では1/12以下とし、屋外では1/20以下とする。
　　◇屋内においても1/20以下とすることがなお望ましい。
3）踊り場
　　○車いす使用者が途中で休憩できることに配慮し、屋内で高さ75cm以内ごと、屋外で60cm以内ごとに長さ150cm以上の踊り場を設ける。
4）端部

○傾斜路の端部は床に対して滑らかに接する構造とする。
５）水平区間
　　　○他の通路と出会う部分に、通路を移動する人と車いす使用者が衝突しないよう長さ150cm以上の水平区間を設ける。
　　　◇車いす使用者のより円滑な利用を想定すると180cm以上がなお望ましい。
６）側壁
　　　○スロープの両側は壁面または立ち上がりを設ける。
　　　○側壁がない場合は、車いすの乗り越え防止のため立ち上がり35cm以上の幅木状の車いす当たりを連続して設ける。
７）手すり
　　　○両側に手すりを設置する。
　　　○手すりは2段とする。
　７−１）高さ
　　　○床仕上げ面から手すり中心までの高さ：上段H＝85cm程度、下段H＝65cm程度
　７−２）形状
　　　○丸状で直径4cm程度とする。
　７−３）材質
　　　◇冬期の冷たさに配慮した材質とすることがなお望ましい。
　７−４）位置
　　　○壁面に設置する場合は、壁と手すりのあきを5cm程度とする。
　７−５）端部
　　　○手すりの端部は壁面側または下方に巻き込むなど端部が突出しない構造とする。
　　　○始終端部においては、手すりの水平部分を60cm程度以上とする。
　７−６）点字
　　　○視覚障害者を誘導する傾斜路の上段の手すりにスロープの行き先を点字で表示する。
　　　◇点字には、その内容を文字で併記することがなお望ましい。
　　　○点字は、はがれにくいものとする。
８）ひさし
　　　○車いす使用者や肢体不自由者等は傘をさすことが難しいため、屋外に設置する場合は、屋根またはひさしを設置する。

⑥階段

　階段は、最も移動の負担の大きい箇所であり、負担の軽減に努める必要がある。特に高齢者や杖使用者等の肢体不自由者、視覚障害者の円滑な利用に配慮する必要がある。手すりの高さや階段の滑り止めについても配慮が必要であり、これらはすべての利用者にとっても効果的である。
１）形式
　　　○らせん、回り階段は、踏面の形状が一定していないため避け、直階段又は折れ曲がり階段とする。
２）幅
　　　○有効幅120cm以上とする。

◇２本杖使用者の利用を考慮すると、有効幅150cm以上とすることがなお望ましい。
3）手すり
　○両側に２段の手すりを設置する。
　○階段の幅が４mを超える場合には、中間にも設置する。
　3－1）高さ
　　○床仕上げ面から手すり中心までの高さ：上段H＝85cm程度、下段H＝65cm程度
　3－2）形状
　　○丸状で直径４cm程度とする。
　3－3）材質
　　◇冬期の冷たさに配慮した材質とすることがなお望ましい。
　3－4）位置
　　○壁面に設置する場合は、壁と手すりのあきを５cm程度とする。
　3－5）端部
　　○手すりの端部は壁面側または下方に巻き込むなど端部が突出しない構造とする。
　　○始終端部においては、手すりの水平部分を60cm程度以上とする。
　3－6）点字
　　○視覚障害者のために、上段手すりに階段の行き先を点字で表示する。
　　◇点字には、その内容を文字で併記することがなお望ましい。
　　○点字は、はがれにくいものとする。
4）蹴上げ踏面
　4－1）寸法
　　○蹴上げ：16cm程度以下　　踏面：30cm程度以上
　4－2）段鼻
　　○蹴込み板は必ず設け、段鼻の突き出しはなくす。
　4－3）路面の仕上げ
　　○滑りにくい仕上げとする。
　4－4）明度差
　　○踏面の端部は、全長にわたって十分な太さで周囲の部分との色の明度の差が大きいこと
　　　等により段を容易に識別できるものとする。
5）側壁
　○階段の両側は壁面又は立ち上がりを設ける。
　○側壁がない場合は、５cm程度まで立ち上がりを設置する。
6）階段前後のたまり場
　◇階段の始点、終点は通路から、120cm程度後退させ平坦なふところ部分をとることがなお
　　望ましい。
7）踊り場
　○高さ概ね３m以内ごとに踊り場を設置する。
　○長さは120cm以上とする。
　○壁側の手すりは連続して設置する。
8）明るさ
　○階段は高齢者や弱視者の移動を円滑にするため、十分な明るさを確保するよう採光や照明

に配慮する。
9）階段下
　　○視覚障害者が白杖で感知できずに衝突してしまうことがないよう階段下に十分な高さのない空間を設けない。やむを得ず設ける場合は柵などを設置する。

⑦昇降機（エレベーター）

　エレベーターは、車いす使用者の単独での利用を初め、すべての利用者に対して効果的な垂直移動手段である。このためエレベーターは、すべての利用者が安全に、かつ容易に移動することができるようにきめ細かな配慮が必要である。エレベーターの配置にあたっては、主動線上から認識しやすい位置に設置し、すべての利用者が自然に利用できるよう配慮する。また、エレベーターの前には、一般旅客の動線と交錯しないようスペースを確保する。なお、利用者動線の観点からスルー型や直角2方向型が有効な場合は、これらの設置を積極的に検討する。

1）大きさ
　　○スルー型や直角2方向出入口型以外のエレベーターは、手動車いすが内部で180度転回できる大きさである11人乗り（140cm（W）×135cm（D））以上のものとする。
　　◇手動車いすが内部で円滑に回転でき、かつ介助者と同乗できる大きさである15人乗り（160cm（W）×150cm（D））以上のものとすることがなお望ましい。

2）出入口の幅
　　○有効幅を80cm以上とする。
　　◇車いす使用者の動作に対する余裕を見込んだ、90cm以上の有効幅を確保することがなお望ましい。

3）鏡
　　○スルー型や直角2方向出入口型以外のエレベーターには、かご正面壁面に、出入口の状況が把握できるよう大きさ、位置に配慮して鏡を設置する。（ステンレス鏡面又は線入）

4）外部との連絡
　　○犯罪や事故時の安全確保のため、ガラス窓を設けること等により外部から内部が見える構造とする。
　　◇聴覚障害者も含めた緊急時への対応に配慮すると、以下のような設備を設けることがなお望ましい。
　　・かごの内部が確認できるカメラを設ける。
　　・故障の際に自動的に故障したことが伝わるようにし、かご内にその旨の表示を行うか、又はかご内に故障を知らせるための非常ボタンを設ける。
　　・係員に連絡中である旨や係員が向かっている旨を表示する設備を設ける。

5）手すり
　　○扉のある側以外の壁面につける。
　　○高さ80cm〜85cm程度に設置する。
　　○握りやすい形状とする。

6）表示
　　6−1）表示
　　　　○かご内に、かごの停止する予定の階及び現在位置を表示する装置を設置する。

○かご内に、かごの到着する階及び、扉の閉鎖を音声で知らせる設備を設ける。
6-2）音声
○スルー型の場合は、開閉する側の扉を音声で知らせる装置を設置する。
7）かご及びロビーの操作盤
7-1）ボタン
○操作盤のボタンは、押しボタン式とし、静電式タッチボタンは避ける。
◇指の動きが不自由な利用者も操作できるような形状とすることがなお望ましい。
◇音と光で視覚障害者や聴覚障害者にもボタンを押したことが分かるものがなお望ましい。
◇かご内に設ける操作盤は、点字が読めない人もボタンの識別ができるよう階の数字等を浮き出させること等により視覚障害者に分かりやすいものとすることがなお望ましい。
◇ボタンの文字は、周囲との明度の差が大きいこと等により弱視者の操作性に配慮したものであることがなお望ましい。
7-2）車いす対応
○かご内に設ける操作盤は、車いす使用者が利用できるようかごの左右壁面中央付近に置く。
○高さ100cm程度に設置する。
○出入口の戸の開扉時間を延長する機能を有したものとする。
7-3）点字
○一般操作盤、インターホン等にはボタンそのもの、誤って押してしまうおそれがある場合はそのすぐ近くに点字表示を行う。
8）光電安全装置
○かごの出入口部には、乗客の安全を図るために、戸閉を制御する装置を設ける。高さは、車いすのフットレスト部分と身体部の両方の高さについて制御できるようにする。なお、機械式セーフティーシューには、光電式、静電式または超音波式等のいずれかの装置を併設する。
9）管制運転
○地震、火災、停電時管制運転を備えたエレベーターを設置する場合には、音声及び文字で管制運転により停止した旨を知らせる装置を設ける。
10）ロビー
10-1）広さ
○車いすが回転できる広さ（150cm×150cm以上）を確保する。
◇電動車いすが回転できる広さ（180cm×180cm以上）を確保することがなお望ましい。
10-2）音声
○かごの到着や昇降方向がロビーにおいて音声でわかるよう、設備を設ける。

⑧エスカレーター

＜エスカレーター一般＞
　高齢者等の利用を想定すると、乗降ステップの水平区間や速度などに配慮する必要がある。
＜エレベーターを代替する場合のエスカレーター＞
　垂直移動設備はエレベーターを基本とするが、エレベーターの設置が困難な場合についての

車いす使用者の動線確保の代替策として車いす対応エスカレーターの設置を考える。車いす乗用ステップの利用の際には、係員による操作が必要となる。エスカレーターの運用については、上下切り替えを行う等の配慮が必要である。また、一般客を止める必要があり、車いす使用者の精神的負担も大きいことにも留意する必要がある。

■エスカレーター一般
1）方向
　　◇上り専用と下り専用をそれぞれ設けることがなお望ましい。
2）幅
　　◇1200型以上とすることがなお望ましい。
3）表面識別
　　○踏み段及びくし板の表面は滑りにくい仕上げとする。
　　3－1）踏み段
　　　　○踏み段の端部に縁取りを行うなどにより、踏み段相互の識別をしやすいようにする。
　　3－2）くし板
　　　　○くし板の端部と踏み段の色の明度の差が大きいこと等により、くし板と踏み段との境界を容易に識別できるようにする。
5）昇降口水平部
　　◇昇降口の踏み段の水平部分は3枚以上とすることがなお望ましい。
6）手すり
　　○くし板から70cm程度の移動手すりを設ける。
　　○乗降口には、旅客の動線の交錯を防止するため、高さ80〜85cm程度の固定柵又は固定手すりを設置する。
7）速度
　　◇1以上は30m/分以下で運転可能なものを設置することがなお望ましい。
8）表示
　　○上り又は下り専用のエスカレーターの場合、上端及び下端に近接する通路の床面等において、進入の可否を示す。

■エレベーターを代替する場合のエスカレーター
1）方向
　　○上り専用のものと下り専用のものをそれぞれ設置する。
2）幅
　　○1200型以上とする。
3）表面
　　○踏み段及びくし板の表面は滑りにくい仕上げとする。
4）識別
　　4－1）踏み段
　　　　○踏み段の端部に縁取りを行うなどにより、踏み段相互の識別をしやすいようにする。
　　4－2）くし板
　　　　○くし板の端部と踏み段の色の明度の差が大きいこと等により、くし板と踏み段との境界を容易に識別できるようにする。
5）昇降口水平部

○昇降口の踏み段の水平部分は3枚以上とする。
6）手すり
　　　○くし板から70cm程度の移動手すりを設ける。
　　　○乗降口には、旅客の動線の交錯を防止するため、高さ80〜85cm程度の固定柵又は固定手すりを設置する。
7）速度
　　　◇1以上は30m/分以下で運転可能なのものを設置することがなお望ましい。
8）踏み段の広さ
　　　○踏み段の面を車いす使用者が円滑に昇降するために必要な広さとすることができる構造のものとする。
9）車止め
　　　○車止めを設け、車いすが乗り越えないような形状とする。
10）重量
　　　○電動車いすの重量に対応したもの（最大積載荷重200kg以上のもの）を設置する。
11）停止装置
　　　○車いすを載せて稼働している際に緊急時に操作しやすい停止装置を設置する。
12）呼び出しボタン
　　　○エスカレーターの昇降口付近に係員の呼び出しボタンを設置する。
13）表示
　　　○上り又は下り専用のエスカレーターの場合、上端及び下端に近接する通路の床面等において、進入の可否を示す。

第二章　誘導案内設備に関するガイドライン

①視覚表示設備

　一般に、視力の低下は40〜50歳ぐらいからはじまり、60歳を超えると急激に低下する、車いす使用者の視点は一般歩行者よりおよそ40cmほど低い、聴覚障害者は耳から聞く情報は得られないことが多い、日本語のわからない訪日外国人が多いなど、さまざまな利用者が情報コミュニケーション制約を抱えている。移動円滑化をめざす視覚表示設備の整備においては、設備本来の機能を十分に発揮できるようにすることが必要であると同時に、さまざまな情報コミュニケーション制約を抱える利用者も、共通の設備から情報を得られるように工夫する考え方が必要である。サインはコミュニケーション・メディアの一種なので、情報・様式・空間上の位置という3つの属性を持つ。視覚表示設備は、見やすさとわかりやすさを確保するために、情報内容、表現様式（表示方法とデザイン）、掲出位置（掲出高さや平面上の位置など）の3要素を考慮することが不可欠である。さらにサインの情報内容や表現様式、掲出位置を、体系的なシステムとして整備し、また可変式情報表示装置を、状況により変化するニーズに合った情報をタイムリーに表示する方式として整備することが、移動しながら情報を得たい利用者にわかりやすく情報を伝達する基本条件になる。

■サインシステム
●基本的事項

1）サインの種別
　○サインは、誘導・位置・案内・規制の4種のサイン類を動線に沿って適所に配置して、移動する利用者への情報提供を行う。
　・誘導サイン類：施設等の方向を指示するのに必要なサイン
　・位置サイン類：施設等の位置を告知するのに必要なサイン
　・案内サイン類：乗降条件や位置関係等を案内するのに必要なサイン
　・規制サイン類：利用者の行動を規制するのに必要なサイン

2）表示方法
　○出入口名、改札口名、行先、旅客施設名など主要な用語には、英語を併記する。
　◇地域ごとの来訪者事情により、日本語、英語以外の言語を併記することがなお望ましい。
　○英語を併記する場合、英訳できない固有名詞にはヘボン式ローマ字つづりを使用する。
　◇固有名詞のみによる英文表示には、ローマ字つづりの後に〜Bridge や〜River など、意味が伝わる英語を補足することがなお望ましい。
　◇書体は、視認性の優れた角ゴシック体とすることがなお望ましい。
　○文字の大きさは、視力の低下した高齢者等に配慮して視距離に応じた大きさを選択する。
　◇弱視者に配慮して、大きな文字を用いたサインを視点の高さに掲出することがなお望ましい。
　○安全色に関する色彩は、別表2-1による。出口に関する表示は、このJIS規格により黄色とする。
　○高齢者に多い白内障に配慮して、青と黒、黄と白の色彩組み合わせは用いない。
　◇サインの図色と地色の明度の差を大きくすること等により容易に識別できるものとすることがなお望ましい。
　◇サインは、必要な輝度が得られる器具とすることがなお望ましい。さらに、近くから視認するサインは、まぶしさを感じにくい器具とすることがなお望ましい。
　○ピクトグラムは、一般案内用図記号検討委員会が策定した別表2-2の標準案内用図記号を活用する。

●誘導サイン・位置サイン
1）表示する情報内容
　○誘導サイン類に表示する情報内容は、別表2-3のうち必要なものとする。
　○誘導サイン類に表示する情報内容が多い場合、経路を構成する主要な空間部位と、移動円滑化のための主要な設備を優先的に表示する。
　◇移動距離が長い場合、目的地までの距離を併記することがなお望ましい。
　○位置サイン類に表示する情報内容は、別表2-4のうち移動円滑化のための主要な設備のほか必要なものとする。
　○位置サイン類に表示する情報内容が多い場合、前述の設備のほか経路を構成する主要な空間部位を優先的に表示する。
2）表示面と器具のデザイン
　◇誘導サイン類及び位置サイン類はシンプルなデザインとし、サイン種類ごとに統一的なデザインとすることがなお望ましい。
3）表示面の向きと掲出高さ

○誘導サイン類及び位置サイン類の表示面は、動線と対面する向きに掲出する。
○誘導サイン類及び位置サイン類の掲出高さは、視認位置からの見上げ角度が小さく、かつ視点の低い車いす使用者でも混雑時に前方の歩行者に遮られにくい高さとする。
◇動線と対面する向きのサイン2台を間近に掲出する場合、手前のサインで奥のサインを遮らないように、2台を十分離して設置することがなお望ましい。

4) 配置位置と配置間隔
○経路を明示する主要な誘導サインは、出入口と乗降場間の随所に掲出するサインシステム全体のなかで、必要な情報が連続的に得られるように配置する。
○個別の誘導サインは、出入口と乗降場間の動線の分岐点、階段の上り口、階段の下り口及び動線の曲がり角に配置する。
◇長い通路等では、動線に分岐がない場合であっても、誘導サインは繰り返し配置することがなお望ましい。
○個別の位置サインは、位置を告知しようとする施設の間近に配置する。

● 案内サイン
1) 表示する情報内容
○構内案内図に表示する情報内容は、別表2-5のうち移動円滑化のための主要な設備のほか必要なものとする。
○構内案内図には移動円滑化された経路を明示する。
○旅客施設周辺案内図を設ける場合、表示する情報内容は、別表2-6のうち必要なものとする。
◇ネットワーク運行・運航のある交通機関においては、改札口等に路線網図を表示することがなお望ましい。

2) 表示面と器具のデザイン
◇案内サイン類はシンプルなデザインとし、サイン種類ごとに統一的なデザインとすることがなお望ましい。
◇構内案内図や、表示範囲が徒歩圏程度の旅客施設周辺案内図の図の向きは、掲出する空間上の左右方向と、図上の左右方向を合わせて表示することがなお望ましい。
◇表示範囲が広域な旅客施設周辺案内図の図の向きは、地理学式に北を上にして表示することがなお望ましい。

3) 表示面の向きと掲出高さ
◇案内サイン類の表示面は、利用者の円滑な移動を妨げないよう配慮しつつ、動線と対面する向きに掲出することがなお望ましい。
◇空間上の制約から動線と平行な向きに掲出する場合は、延長方向から視認できる箇所に、その位置に案内サイン類があることを示す位置サインを掲出することがなお望ましい。
○構内案内図、旅客施設周辺案内図、時刻表などの掲出高さは、歩行者及び車いす使用者が共通して見やすい高さとする。
○運賃表を券売機上部に掲出する場合においても、その掲出高さは、券売機前に並ぶ利用者に遮られないように配慮しつつ、車いす使用者の見上げ角度が小さくなるように、極力低い高さとする。この場合、照明の映り込みが起きないように配慮する。
○券売機上部に掲出する運賃表の幅寸法は、利用者が券売機の近くから斜め横向きでも判読

できる範囲内とする。
4）配置位置と配置間隔
　○構内案内図は、出入口付近や改札口付近からそれぞれ視認できる、利用者の円滑な移動を妨げない位置に配置する。
　◇乗り換え経路又は乗り換え口を表示する構内案内図は、当該経路が他の経路と分岐する位置にも配置することがなお望ましい。
　◇旅客施設周辺案内図を設ける場合、改札口など出入口に向かう動線が分岐する箇所に設置することがなお望ましい。
　◇大規模な旅客施設では、構内案内図などを繰り返し配置することがなお望ましい。

■可変式情報表示装置
　可変式情報表示装置とは、フラップなどを用いた機械式やLEDなどを用いた電子式の表示方式を用いて、視覚情報を可変的に表示する装置のことをいう。
1）表示する情報内容
　○平常時に表示する情報内容は、発車番線、発車時刻、車両種別、行先など、車両等の運行・運航に関する情報とする。
　◇車両等の運行・運航の異常に関連して、遅れ状況、遅延理由、運転再開予定時刻、振替輸送状況など、利用者が次の行動を判断できるような情報を提供することがなお望ましい。この場合、緊急時の表示メニューを用意することも有効である。ネットワークを形成する他の交通機関の運行・運航に関する情報も、提供することがなお望ましい。
　◇異常情報を表示する場合は、フリッカーランプを装置に取付けるなど、異常情報表示中である旨を継続的に示すことがなお望ましい。
2）表示方式
　◇表示方式は、文字等が均等な明るさに鮮明に見える輝度を確保し、図と地の明度の差を大きくすること等により容易に識別できるものとすることがなお望ましい。
3）配置位置
　○車両等の運行・運航用の可変式情報表示装置は、視覚情報への依存度の大きい聴覚障害者を含む多くの利用者が、運行・運航により乗降場が頻繁に変動する場合に各乗降場へ分流する位置のほか、改札口付近や乗降場、待合室など、視覚情報を得て行動を判断するのに適当な位置に配置する。
　◇可変式情報表示装置の掲出高さは、誘導サインや位置サイン類と統一的であることがなお望ましい。

②視覚障害者誘導案内用設備

　視覚障害者誘導用ブロックは、現時点では視覚障害者の誘導に最も有効な手段であり、旅客施設の平面計画等を考慮し、歩行しやすいよう敷設することが有効である。特に敷設にあたっては、あらかじめ誘導動線を設定するとともに、誘導すべき箇所を明確化し、利用者動線が遠回りにならないよう敷設することが必要である。また、視覚障害者誘導用ブロックを感知しやすいよう、周囲の床材の仕上げにも配慮する必要がある。視覚障害者の誘導としては、音声・音響による案内が有効である。
1）誘導案内の方法

○視覚障害者に対して、視覚障害者誘導用ブロック（線状ブロック及び点状ブロックで構成）、音響音声案内装置（音響または言葉で設備等の位置・方向や車両等の運行・運航案内を示すもの）、点字等による案内板（点字や触知記号等で設備等の位置や方向を示すもの）及び点字表示（点字で経路の行先や運賃等を示すもの）を動線に沿って適所に配置して、誘導案内のための情報提供を行う。

■視覚障害者誘導用ブロック
1）線状ブロックの敷設経路
　　○公共用通路との境界である出入口から改札口を経て、乗降口に至る経路上に視覚障害者の誘導動線を設定し、線状ブロックを敷設する。
　　○上記の経路上から、移動円滑化のための主要な設備であるエレベーター、便所、乗車券等販売所（券売機を含む）及び点字等による案内板へ分岐する経路上にも敷設する。この分岐する経路では、往経路と復経路を別としない。
　　○線状ブロックは、旅客の動線と交錯しないよう配慮し、安全で、できるだけ曲がりの少ないシンプルな道すじに連続的に敷設する。
　　○線状ブロックの敷設は、安全でシンプルな道すじを明示することを優先する。また歩行できるスペースが確保できるよう、壁面、柱や床置きの什器等から適度に離れた道すじに敷設する。
2）点状ブロックの敷設位置
　　○点状ブロックは、視覚障害者の継続的な移動に警告を発すべき箇所である出入口（扉がある場合）、階段の上り口・下り口、点字による案内板等の前、券売機その他の乗車券等販売所の前、エレベーターの前、エスカレーターの前、傾斜路の上り口・下り口、ホームの縁端付近及び線状ブロックの分岐位置・屈曲位置・停止位置の、それぞれの位置に敷設する（詳細については後掲する）。
3）形状
　　○形状についてはJIS規格に合わせたものとする。
　　（注参照）
4）色彩
　　○黄色を原則とする。ただし周辺の床材との対比を考慮して、明度差あるいは輝度比などが十分に確保できず、かつ安全で連続的な道すじを明示できない場合は、黄色以外とする。
5）材質
　　○十分な強度を有し、滑りにくく、耐久性、耐磨耗性に優れたものとする。

＜敷設方法の詳細＞
1）公共用道路との境界
　　◇公共用通路との境界は、旅客施設内外が連続するように敷設し、色彩や形状の統一に配慮することがなお望ましい。
2）改札口
　　○改札口への線状ブロックの敷設経路は、有人改札口がある場合は有人改札へ誘導する。
3）券売機
　　○券売機への線状ブロックの敷設経路は、点字運賃表及び点字表示のある券売機の位置とする。この場合、改札口への線状ブロックの敷設経路からできる限り簡単で短距離となるように分岐する。

○線状ブロックで誘導される券売機の前に敷設する点状ブロックの位置は、券売機の手前30cm程度の箇所とする。
　　◇上記の券売機は、改札口に近い券売機とすることがなお望ましい。
　４）階段
　　○階段への線状ブロックの敷設経路は、手を伸ばせば手すりに触れられる程度の距離を離した位置とする。
　　○階段の上り口及び下り口に敷設する点状ブロックの位置は、階段の始終端部から30cm程度離れた箇所とする。
　５）エレベーター
　　○エレベーターへの線状ブロックの敷設経路は、点字表示のある乗り場ボタンの位置とする。
　　○エレベーター前に敷設する点状ブロックの位置は、点字表示のある乗り場ボタンから30cm程度離れた箇所とする。
　６）エスカレーター
　　○エスカレーター前に敷設する点状ブロックの位置は、エスカレーター始終端部の点検蓋に接する程度の箇所とする。
　７）傾斜路
　　○傾斜路上り口および下り口に敷設する点状ブロックの位置は、傾斜路の始終端部から30cm程度離れた箇所とする。
　８）便所
　　○便所への線状ブロックの敷設経路は、便所出入口の壁面にある点字等による案内板の位置とする。
　　○便所の点字による案内板等の前に敷設する点状ブロックの位置は、点字等による案内板から30cm程度離れた箇所とする。
　９）点字による案内板等
　　○点字による案内板等への線状ブロックの敷設経路は、出入口付近又は改札口付近に設置した案内板の正面の位置とする。
　　○点字による案内板等の前に敷設する点状ブロックの位置は、案内板前端から30cm程度離れた箇所とする。
　10）案内板に併設する音声案内装置
　　◇点字による案内板等に、スピーカーを内蔵し押しボタンによって作動する音声案内装置を設置することがなお望ましい。
　　◇この装置を設置する場合、対面して操作する利用者の「前、後、右、左」など分かりやすいことばを用いて、簡単明瞭に施設等の方向を指示することがなお望ましい。
　11）車両等の運行に関する案内放送
　　○車両等の発車番線、発車時刻、行先、経由、到着等のアナウンスは、聞き取りやすい音量、音質で繰り返す等して放送する。
　　○同一のプラットホーム上では異なる音声等で番線の違いがわかるようにする。
　12）音響案内装置
　　◇点字による案内板等の位置を知らせるよう音響案内装置を設置することがなお望ましい。
　13）点字による案内板等

○出入口付近、改札口付近（出入口と改札口が離れている場合）に、それぞれの箇所の移動方向にある主要な設備等の位置や方向を点字などでわかりやすく示した、点字による案内板等を設置する。
◇乗り換えのある旅客施設では、乗り換え経路が他の経路と分岐する位置にも点字による案内板等を設置することがなお望ましい。
○点字による案内板等は、指先で読み取りやすい外形寸法、掲出高さ及び表示面の傾きを設定して設置する。
○便所出入口付近の視覚障害者が分かりやすい位置に、男女別及び構造を点字等で表示する。
◇点字による案内板等には、視覚障害者用と晴眼者用ではわかりやすい案内板の表現が異なるため、これを晴眼者用と兼用として設けることは適当ではないが、何が書かれているのか晴眼者が理解できるように文字も併記することがなお望ましい。

14) 手すりの点字表示
○階段や傾斜路の手すり、視覚障害者を誘導する通路の手すりには、行先を点字で表示する。
◇点字には、その内容を文字で併記することがなお望ましい。
○2段手すりの場合、上記の表示は上段とする。
○手すりの点字表示は、金属製など、耐久性のあるものとする。

15) 点字運賃表
○線状ブロックで誘導した券売機付近には、点字運賃表を設置する。
◇点字運賃表に可能な限り大きな文字でその内容を示すこと等により弱視者に運賃が分かりやすくすることがなお望ましい。

16) 券売機の点字表示
○線状ブロックで誘導した券売機には、金銭等を示す点字テープを貼付する。
◇券売機には、金銭等を示す点字テープを貼付することがなお望ましい。
◇複数社の乗り入れ区間では、乗り換えボタンなどにも点字テープを貼付することがなお望ましい。

第三章　施設・設備に関するガイドライン

①トイレ

　トイレは利用しやすい場所に配置し、すべての利用者がアクセスしやすい構造とする。
　多機能トイレは、身体障害者が利用しやすい場所に設置する。また、車いす使用者が円滑に利用できるものとする。また、障害部位により使用方法も異なることから、手すり等も右利き用、左利き用に対応したものを設置することが望ましい。
　車いす使用者にとって、便座の高さが合わない場合や、フットレストが便器にあたり近くに寄れない場合もあることから、便器の形状についての配慮が必要である。
　また、一般トイレと同様であるが、利用者が滑らないよう、清掃後の水はけを良くする配慮が必要である。特に、車いす使用者は、段差があれば利用が困難となることから、アプローチにおける段差の解消が必要である。扉は電動式のものが望ましく、非常時には外部から解錠できることが必要である。非常用通報装置の位置については、転落時を考慮しつつ、実際に手の

届く範囲に設置する必要がある。
　また、オストメイト（人工肛門、人工膀胱造設者）はパウチを洗ったり便の漏れを処理したりすることが必要となる場合がある。

■トイレ全般
1）配置
　○身体障害者、オストメイト、高齢者、妊婦、乳幼児を連れた者等の使用に配慮した多機能トイレを、身体障害者等が利用しやすい場所に男女共用のものを1以上設置するか男女別にそれぞれ1以上設置する。
　◇上記の場合において異性による介助を考慮すれば、男女共用のものを1以上設置することがなお望ましい。
　◇男女共用の多機能トイレを2カ所以上設置する場合は、右利き、左利きの車いす使用者の車いすから便器への移乗を考慮したものとするなどの配慮をすることがなお望ましい。
　◇男子用トイレ、女子用トイレのそれぞれに1以上の簡易型多機能便房を設置することがなお望ましい。
2）案内表示
　○出入口付近に男女別表示をわかりやすく表示する。
　○男女別及び構造を、視覚障害者がわかりやすい位置に、点字による案内板等で表示する。
　○視覚障害者誘導用ブロックは、壁面等に設置した点字による案内板等の正面に誘導する。
　○点字による案内板等は、床から中心までの高さを140cmから150cmとする。
3）小便器
　○トイレ内に、杖使用者等の肢体不自由者等が立位を保持できるように配慮した手すりを設置した床置き式又は低リップ（リップ高35cm以下がなお望ましい）の壁掛け式小便器を1以上設置する。
　◇入口に最も近い位置に設置することがなお望ましい。
4）大便器
　○トイレ内に腰掛け式大便器を1以上設置した上、その便房の便器周辺には垂直、水平に手すりを設置する。
　◇和式便器の前方の壁に垂直、水平に手すりを設置することがなお望ましい。
5）洗面器
　○洗面器は、もたれかかった時に耐えうる強固なものとするか、もしくは手すりを設けたものを1以上設置する。
　◇3〜4歳児の利用に配慮し、上面の高さ55cm程度のものを設けるとなお望ましい。
6）乳児用設備
　○乳児連れの人の利用を考慮し、トイレ内に1以上、男女別を設けるときはそれぞれに1以上、大便用の便房内にベビーチェアを設置する。
　◇スペースに余裕がある場合には複数の便房に設置し、洗面所付近にも設置することがなお望ましい。
7）床仕上げ
　○ぬれた状態でも滑りにくい仕上げとする。
　◇排水溝などを設ける必要がある場合には、視覚障害者や肢体不自由者等にとって危険にな

らないように、配置を考慮することがなお望ましい。
○床面は、高齢者、身体障害者等の通行の支障となる段差を設けないようにする。
8）通報装置
◇便器に腰掛けた状態、車いすから便器に移乗しない状態、床に転倒した状態のいずれからも操作できるように通報装置を設置することがなお望ましい。この場合、音、光等で押したことが確認できる機能を付与する。点字等により視覚障害者が呼び出しボタンであることが認識できるものとするとともに、水洗スイッチ等の装置と区別できるよう形状等に配慮する。指の動きが不自由な人でも容易に使用できる形状とすることがなお望ましい。
9）簡易型多機能便房
○簡易型多機能便房は、小型の手動車いす（全長約85cm、全幅約60cmを想定）で利用可能なスペースを確保する（正面から入る場合は奥行き190cm以上×幅90cm以上のスペースと有効幅80cm以上の出入口の確保、側面から入る場合は奥行き220cm以上×幅90cm以上のスペースと有効幅90cm以上の出入口の確保が必要）。
◇新設の場合等でスペースが十分取れる場合は、標準型の手動車いす（全長約110cm、全幅約65cmを想定）で利用が可能なスペースを確保することがなお望ましい（正面から入る場合は上記と同様であるが、側面から入る場合は奥行き220cm以上×幅110cm以上のスペースと有効幅90cm以上の出入口の確保が必要）。
◇ドアの握り手はドア内側の左右両側に設置することがなお望ましい。
○簡易型多機能便房には、腰掛け式便器を設置する。便器の形状は、車いすのフットレストがあたることで使用時の障害になりにくいものとする。
◇便器に背もたれを設置することがなお望ましい。
◇オストメイトのパウチ等の洗浄ができる水洗装置を設置することがなお望ましい。
○便器の周辺には、手すりを設置するとともに、便器に腰掛けたままの状態と車いすから便器に移乗しない状態の双方から操作できるように水洗装置、非常用通報装置及び汚物入れを設置する。水洗装置のスイッチは、手かざしセンサー式、又は操作しやすい押しボタン式、靴べら式などとする。手かざしセンサー式が使いにくい人もいることから、手かざしセンサー式とする場合には押しボタン、手動式レバーハンドル等を併設する。
◇便器に腰掛けた状態と車いすから便器に移乗しない状態の双方から使用できるようにペーパーホルダーを設置することがなお望ましい。
○荷物を掛けることのできるフックを設置する。このフックは、立位者、車いす使用者の顔面に危険のない形状、位置とするとともに、1以上は車いすに座った状態で使用できるものとする。
○便房の床、出入り口には段差を設けない。

■多機能トイレ
1）案内表示
○多機能トイレの出入口付近には、身体障害者、オストメイト、高齢者、妊婦、乳幼児を連れた者等の使用に配慮した多機能トイレである旨を表示する。
2）出入口
○多機能トイレに入るための通路、出入口は段差その他の障害物がないようにする。また、多機能トイレの位置が容易にわかるように点字による案内板等を設置する。

3）ドア
　○電動式引き戸又は軽い力で操作のできる手動式引き戸とする。手動式の場合は、自動的に戻らないタイプとし、握り手は棒状ハンドル式のものとする。
　◇握り手はドア内側の左右両側に設置することがなお望ましい。
　○有効幅は80cmを確保する。
　◇有効幅は90cm以上がなお望ましい。
4）鍵
　○指の動きが不自由な人でも容易に施錠できる構造のものとし、非常時に外から解錠できるようにする。
5）ドア開閉盤
　○ドア開閉盤は、電動式ドアの場合車いす使用者が中に入り切ってから操作できるようドアから70cm以上離れた位置に設置する。高さは100cm程度とする。
　○使用中を表示する装置を設置する。
6）大きさ
　○手動車いすで方向転換が可能なスペースを確保する（標準的には200cm×200cmのスペースが必要）。
　○新設の場合等、スペースが十分取れる場合は、電動車いすで便器へ移乗するための方向転換が可能なスペースを確保する（標準的には220cm×220cmのスペースが必要）。
7）便器
　○便器は腰掛け式とする。便器の形状は、車いすのフットレストがあたることで使用時の障害になりにくいものとする。
　○便座には便蓋を設けず、背後に背もたれを設ける。
　○便座の高さは40〜45cmとする。
　○便器に前向きに座る場合も考慮して、その妨げになる器具等がないように配慮する。
8）オストメイト等への対応
　○オストメイトのパウチやしびんの洗浄ができる水洗装置を設置する。
　◇上記の水洗装置としては、パウチの洗浄や様々な汚れ物洗いに、汚物流しを設置するとなお望ましい。
　◇汚物流しを設置する場合、オストメイトがペーパー等で腹部を拭う場合を考慮し、温水が出る設備を設けることがなお望ましい。
9）手すり
　○手すりを設置する。取り付けは堅固とし、腐触しにくい素材で、握りやすいものとする。
　○壁と手すりの間隔は握った手が入るように5.0cm以上の間隔とする。
　○手すりは便器に沿った壁面側はL字形に設置する。もう一方は、車いすを便器と平行に寄り付けて移乗する場合等を考慮し、十分な強度を持った可動式とする。可動式手すりの長さは、移乗の際に握りやすく、かつアプローチの邪魔にならないように、便器先端と同程度とする。手すりの高さは65〜70cmとし、左右の間隔は70〜75cmとする。
10）付属器具
　○水洗スイッチは、便器に腰掛けたままの状態と、便器の回りで車いすから便器に移乗しない状態の双方から操作できるように設置する。手かざしセンサー式又は操作しやすい押しボタン式、靴べら式などする。手かざしセンサーが使いにくい人もいることから、手かざ

しセンサー式とする場合には押しボタン、手動式レバーハンドル等を併設する。
　◇小型手洗い器を便座に腰掛けたままで使用できる位置に設置することがなお望ましく、蛇口は操作が容易なセンサー式、押しボタン式などとする。
　○ペーパーホルダーは片手で紙が切れるものとし、便器に腰掛けたままの状態と、便器の回りで車いすから便器に移乗しない状態の双方から使用できるように設置する。
　○荷物を掛けることのできるフックを設置する。このフックは、立位者、車いす使用者の顔面に危険のない形状、位置とするとともに、1以上は車いすに座った状態で使用できるものとする。
　○手荷物を置く棚などのスペースを設定する。

11）洗面器
　○車いすから便器へ前方、側方から移乗する際に支障とならない位置、形状のものとする。
　○車いすでの使用に配慮し、洗面器の下に床上60cm以上の高さを確保し、洗面器上面の標準的高さを80cm以下とする。よりかかる場合を考慮し、十分な取付強度を持たせる。
　○蛇口は、上肢不自由者のためにもセンサー式、レバー式などとする。
　◇おむつ交換やオストメイトがペーパー等で腹部を拭く場合を考慮し、温水が出る設備を設けるとなお望ましい。温水設備の設置にあたっては、車いすでの接近に障害とならないよう配慮する。
　○鏡は車いすでも立位でも使用できるよう、低い位置から設置され十分な長さを持った平面鏡とする。

12）汚物入れ
　○汚物入れはパウチ、おむつも捨てることを考慮した大きさのものを設置する。

13）鏡
　◇洗面器前面の鏡とは別に、全身の映る姿見を設置することがなお望ましい。

14）おむつ交換シート
　○乳児のおむつ替え用に乳児用おむつ交換シートを設置する。但し、一般トイレに男女別に設置してある場合はこの限りではない。
　◇重度障害者のおむつ替え用等に、折りたたみ式のおむつ交換シートを設置することがなお望ましい。その場合、畳み忘れであっても、車いすでの出入りが可能となるよう、車いすに乗ったままでも畳める構造、位置とする。

15）床仕上げ
　○ぬれた状態でも滑りにくい仕上げとする。
　◇排水溝などを設ける必要がある場合には、視覚障害者や肢体不自由者等にとって危険にならないように、配置を考慮する。
　○床面は、高齢者、身体障害者等の通行の支障となる段差を設けないようにする。

16）通報装置
　○通報装置は、便器に腰掛けた状態、車いすから便器に移乗しない状態、床に転倒した状態のいずれからも操作できるように設置する。音、光等で押したことが確認できる機能を付与する。
　○点字等により視覚障害者が通報装置であることが認識できるものとするとともに、水洗スイッチ等の装置と区別できるよう形状等に配慮する。
　○指の動きが不自由な人でも容易に使用できる形状とする。

②乗車券等販売所・案内所

　　出札・案内等のカウンターは、構造上、車いす使用者にとって利用しにくいものもある。
　特に、カウンターの高さや、蹴込みについて、考慮する必要がある。
　　カウンターの下部は、車いす使用者のひざやフットレストなどが当たらないよう配慮する。
1）カウンターの蹴込み
　○出札・案内カウンターの蹴込みの一部は高さ60cm程度以上、奥行き40cm程度以上とする。
2）視覚障害者の誘導
　○出札・案内カウンターの1カ所に視覚障害者誘導用ブロックを敷設する。
3）聴覚障害者の案内
　○筆談用のメモなどを準備し、聴覚障害者とのコミュニケーションに配慮する。
4）高さ
　○出札・案内カウンターの一部は、車いす使用者との対話に配慮して高さ75cm程度とする。
5）奥行き
　○出札・案内カウンターのついたてまでの奥行きは、車いす使用者との対話に配慮して30cm
　　～40cmとする。

③券売機

　　券売機の金銭投入口が高い場合、多くの高齢者や車いす使用者にとって使用しにくいため、
投入口の高さに配慮が必要である。また、車いす使用者が容易に券売機に接近できるように、
蹴込みをとるなどの配慮が必要である。操作性についても、タッチパネル式は視覚障害者が利
用できないため、テンキーを設けるなどの対策が必要である。

　　1以上の券売機は以下の構造のものとする。
1）高さ
　○金銭投入口は、車いす使用者が利用しやすい高さとする。
2）金銭投入口
　◇金銭投入口の高さは、110cm程度とすることがなお望ましい。
　○金銭投入口は硬貨を複数枚同時に入れることができるものとする。
3）蹴込み
　○車いす使用者が容易に接近しやすいようカウンター下部に高さ60cm程度以上の蹴込みを設
　　ける。
4）ボタン
　○主要なボタンは、110cm程度の高さを中心に配置する。
　◇インターホン、呼出ボタンなどは利用者にとって使用しやすい高さ、構造とすることがな
　　お望ましい。

　　視覚障害者を誘導する券売機は以下の構造のものとする。
1）点字表示
　○運賃等の主要なボタンには点字テープを貼付する。
　○点字は、ボタンそのもの、又は誤ってボタンを押してしまうおそれがある場合はそのすぐ

近くに貼付する。
　　○点字は、はがれにくいものとする。
２）ボタン
　　◇点字ボタンの料金表示は、周辺との明度の差を大きくする等して弱視者の利用に配慮することがなお望ましい。
３）点字運賃表
　　○券売機の横に点字運賃表を設置する。
　　◇点字運賃表は、可能な限り大きな文字でその内容を示すこと等により弱視者に運賃が分かりやすくすることがなお望ましい。
４）テンキー
　　○タッチパネル式の場合は、点字表示付きのテンキーを設置する。
　　○テンキーを設置した券売機には音声案内を設置する。

④休憩等のための設備・その他

　大規模な旅客施設においては、移動距離が長いため、高齢者や身体障害者、妊産婦等が休憩できるための設備を設置することが必要である。また、乳幼児連れの旅客のための施設を配置することが望ましい。さらに、急病の際に安静をとることができる施設を配置することが望ましい。公衆電話は、車いす使用者にとって、金銭投入口やダイヤルの位置が高い場合利用しにくく、また、視覚障害者や聴覚障害者、高齢者及び外国人にとっては電話機の利用が困難である。電話の設置やモバイルが利用できる環境整備については、通信事業者が行う事項であるが、電話置台、電話機種への配慮が必要である。

１）ベンチ等
　　○旅客の移動を妨げないよう配慮しつつ主な経路上に休憩のためのベンチ等を設ける。
２）水飲み台
　　○水飲み台を設ける場合は、旅客の移動を妨げないよう配慮する。
　　○車いす使用者が使いやすいよう高さ70～80cmとし、壁付きの場合は奥行き35～40cm程度とする。
３）授乳室等
　　◇授乳室やおむつ替えのできる場所を設け、ベビーベッドや給湯設備等を配置することがなお望ましい。
４）救護室
　　◇急病人やけが人などが休むための救護室を設けることがなお望ましい。
５）環境明るさ
　　○旅客施設内の主要な施設内は、高齢者や障害者が見やすいよう十分な明るさとする。
６）電話
　　○電話機を設ける場合は、旅客の移動を妨げないよう配慮する。
　６－１）高さ
　　　○電話機の１台以上について、電話台の高さは70cm程度とし、電話置台の台下の高さを60cm程度以上とする。
　６－２）ボタン等の高さ
　　　○ダイヤルやボタンの高さは、90～100cm程度とする。

6-3) 蹴込み
　○蹴込みの奥行きは45cm以上確保する。
6-4) 電話機
　◇少なくとも1台は音声増幅装置付電話機を設けることがなお望ましい。この場合、見えやすい位置にその旨表示する。
　◇また、外国人の利用の多い旅客施設には、英語表示の可能な電話を設置することがなお望ましい。
7) FAX・通信環境等
　◇聴覚障害者が外部と連絡がとれるよう、自由に利用できる公衆FAXを設置することや、携帯電話やPHSなどが利用できる環境とすることがなお望ましい。

第二部　個別の旅客施設に関するガイドライン

第一章　鉄軌道駅に関するガイドライン

①鉄軌道駅の改札口

　改札口を車いすで通過する場合、既設の幅では利用が困難な場合が多く、荷物等の搬入口などを利用し特別なルートで移動している例もあるが、一般の旅客と同様に改札口を利用できることがなお望ましい。また、改札機の自動化が進んでいるが高齢者や視覚障害者、妊産婦等にとって利用困難な場合があるため有人改札口を併設することが望ましい。

1) 拡幅改札口
　○車いす使用者の動作に対する余裕を見込んだ、幅90cm以上の拡幅改札口を1カ所以上設置する。
2) 自動改札機
　○自動改札機を設ける場合は、自動改札機又はその周辺において自動改札口への進入の可否を示すとともに、乗車券等挿入口を色で縁取るなど識別しやすいものとする。

②鉄軌道駅のプラットホーム

　プラットホームにおいては、転落防止対策を重点的に行うことが必要である。特に視覚障害者の場合プラットホームからの転落の危険性が高いため、ホームドア、可動式ホーム柵、点状ブロック等による転落防止措置を実施する。プラットホームと列車の段差をできる限り平らにし、隙間をできる限り小さくするとともに、やむをえず段差や隙間が生じる場合は、段差・隙間解消装置や渡り板による対応を実施する。その場合、迅速に対応できるよう体制を整える必要がある。

1) 表面
　○滑りにくい仕上げとする。
2) 横断勾配
　○排水等のため横断勾配を設ける必要がある場合、当該横断勾配は1％を標準とする。
3) 転落防止柵
　○線路側以外のプラットホーム両端には危険を防止するために、高さ110cm以上の柵を設ける。

4）転落防止措置
　○ホームドア、可動式ホーム柵、点状ブロック等により転落防止措置を行う。
　4－1）ホームドア
　　ホームドアを設置する場合は、乗降時の安全性の観点から以下の措置を図る。
　　○車両ドアとの間の閉じこめやはさみこみ防止措置を図る。
　　◇ドアの開閉を音声や音響で知らせることがなお望ましい。
　　○ホームドアの開口部には点状ブロックを敷設する。
　4－2）可動式ホーム柵
　　可動式ホーム柵を設置する場合は乗降時の安全性の観点から以下の措置を図る。
　　○車両ドアとの間の閉じこめやはさみこみ防止措置を図る。
　　◇ドアの開閉を音声や音響で知らせることがなお望ましい。
　　○ホーム柵から身を乗り出した場合及びスキー板、釣り竿等長いものを立てかけた場合の接触防止対策や乗務員の出発監視の点から適当な柵の高さとする。
　　○可動式ホーム柵の開口部には点状ブロックを敷設する。
　4－3）点状ブロック
　　○プラットホームの縁端から80cm以上離れた場所に点状ブロックを連続して敷設する。
　　○階段等から連続して敷設された誘導用の線状ブロックとホーム縁端部の点状ブロックとが交わる箇所（Ｔ字部）については、誘導用の線状ブロックと縁端部の点状ブロックとの間に点状ブロックを敷設する。
5）転落時の安全確保措置
　◇ホームドア、可動式ホーム柵を設置できない場合には、以下の転落時の安全確保措置を講じることがなお望ましい。
　・プラットホームから転落した際、緊急にその旨を知らせるための装置を設置する。この場合一般利用者にも使用できる案内を行う。
　・プラットホームから転落した際、列車を避ける待避場所を設置する。
6）電車とプラットホームの段差及び隙間
　○段差はできる限り平らにする。隙間はできる限り小さくする。なお、段差・隙間のある場合は、車いす使用者の乗降を円滑にするための設備を設けることとし、下記のような対策を講じる。
7）渡り板、段差・隙間解消装置
　○渡り板を速やかに設置できる場所に配備する。
　○速やかに操作できる構造の段差・隙間解消装置を設置する。
8）隙間の警告
　○隙間が大きいため転落する危険を生じさせるおそれがある場合は回転灯等を設置して警告する。また、音声でその旨を警告する。
9）列車接近の警告
　○音声や音響による案内で列車の接近を知らせる。
　○光や文字による情報で列車の接近を知らせる。
　○壁面や柱などに取り付ける看板などは通行の支障にならないように設置する。
10）プラットホーム上の設置物
　◇売店、ベンチ、ゴミ箱などを設置する場合は、車いす使用者や視覚障害者、一般利用者な

どの通行の支障にならないようにすることがなお望ましい。
11) プラットホームの明るさ
○プラットホームは両端部まで、高齢者や弱視者の移動を円滑にするよう採光や照明に配慮する。
12) 駅名表示
○到着する駅名を車内で表示する場合を除き、車内から視認できる高さに駅名標を表示する。
○到着する駅名を車内で表示する場合を除き、車内から視認できるよう駅名標の配置間隔に配慮する。
13) 停車駅案内
◇コンコースからプラットホームに至る箇所等に、行き先方向ごとに停車駅がわかるよう案内表示をすることがなお望ましい。
◇列車種別ごとの停車駅がわかるよう案内表示をすることがなお望ましい。

第二章　バスターミナルに関するガイドライン

①バスターミナルの乗降場

路線バスは、最も身近な交通手段であり高齢者や身体障害者、妊産婦等にとって利用ニーズが高い。また、ノンステップ車両の普及などにより高齢者、障害者等の利用が増加することが予想される。

1) 段差
　○乗降場と通路との間に高低差がある場合は、傾斜路を設置する。
　○傾斜路の勾配は、屋内では1/12以下とし、屋外では1/20以下とする。
　◇屋内においても1/20以下とすることがなお望ましい。
2) 幅
　○乗降場の幅は180cm以上とする。
3) 仕上げ
　○乗降場の床の表面は、滑りにくい仕上げとする。
4) 上屋
　◇防風及び雨天を考慮し、上屋を設けることがなお望ましい。
5) 進入防止策
　○乗降場の縁端のうち、誘導車路その他の自動車の通行、停留又は駐車の用に供する場所（自動車用場所）に接する部分には、柵、点状ブロックその他の視覚障害者の自動車用場所への進入を防止するための設備を設ける。
6) 運行情報の案内
　◇乗り場ごとに、行き先などの運行情報を点字・音声で表示するとともに弱視者に配慮した大きさや配色の文字で表示することがなお望ましい。

第三章　旅客船ターミナルに関するガイドライン

①乗船ゲート

　　高齢者、身体障害者等が安全かつ円滑に通過できるよう、1以上は車いす使用者の移動に配慮した拡幅ゲートを設ける。

1）幅
　○車いす使用者の動作に対する余裕を見込んだ90cm以上の有効幅の拡幅ゲートを1カ所以上設置する。

②桟橋・岸壁と連絡橋

　　高齢者、身体障害者、妊産婦等すべての人が安全かつ円滑に移動できるよう、連続性のある移動動線の確保に努めることが必要である。この経路のバリアフリー化にあたっては、潮の干満があること、屋外であること等の理由から特別の配慮が必要であることから、ここに記述することとする。経路の設定にあたっては、なるべく短距離でシンプルなものとし、また風雨雪、日射などの影響にも、配慮することとする。岸壁と浮き桟橋を結ぶ連絡橋については、潮の干満によって勾配が変動することを考慮したうえで、すべての人が安全かつ円滑に移動出来る構造とすることが必要である。

1）表面
　○滑りにくい仕上げとする。
2）段差
　○段差を設けない。
　○連絡橋と浮桟橋の間の摺動部（桟橋・岸壁と連絡橋の取り合い部等をいう。）に構造上やむを得ず生じる場合には、フラップ（補助板）を設置すること等により、これを極力小さくする。

　2－1）摺動部
　　○摺動部は安全に配慮した構造とする。
　　○フラップの端部とそれ以外の部分との色の明度の差が大きいこと等により摺動部を容易に識別できるものとする。
　　◇フラップの端部の厚みを可能な限り平坦に近づけることとし、面取りをするなど、車いす使用者が容易に通過できる構造とすることがなお望ましい。

3）手すり
　○連絡橋には、手すりを両側に設置する。
　○手すりは2段とする。
　◇始終端部においては、桟橋・岸壁と連絡橋間の移動に際し、つかまりやすい形状に配慮することがなお望ましい。

4）勾配
　◇連絡橋の勾配は、1/12以下とすることがなお望ましい。

5）視覚障害者誘導用ブロック
　○ターミナルビルを出て、タラップその他のすべての乗降用施設に至る経路に、敷設する。ただし、連絡橋、浮桟橋等において波浪による影響により旅客が転落するおそれのある場所及び着岸する船舶により経路が一定しない部分については、敷設しない。

○岸壁・桟橋（浮桟橋を除く）の連絡橋への入口部分には点状ブロックを敷設する。
　6）転落防止設備
　　　○水面等への転落の恐れがある箇所には、転落を防止できる構造の柵等を設ける。
　7）ひさし
　　　◇経路上には、風雨雪及び日射を防ぐことができる構造の、屋根またはひさしを設置することがなお望ましい。
　8）揺れ
　　　◇浮桟橋は、すべての人が安全に移動できるように、波浪に対し揺れにくい構造に配慮することがなお望ましい。
　9）明るさ
　　　○高齢者や弱視者の移動を円滑にするため、充分な明るさを確保するよう採光や証明に配慮する。

③タラップその他の乗降用設備

(1) タラップ
　　高齢者、身体障害者、妊産婦等すべての人が安全かつ円滑に移動できるよう、連続性のある移動動線の確保に努めることが必要である。タラップに設けられる手すり及び階段は、旅客施設共通の規定のほかに、特別な配慮が必要であることから、ここに記述することとする。桟橋・岸壁とタラップ、タラップと船舶の接続部に生じる段差については、フラップ（補助板）等を設けることで、その解消を図る。また、タラップに階段が設けられている場合は、別途、スロープや昇降装置を併設することを原則とする。タラップは船舶等の揺れの影響を受けるため、ある程度の揺れが常時発生することから、手すりや転落防止柵を設置する。

　1）表面
　　　○滑りにくい仕上げとする。
　2）幅
　　　○車いす使用者の動作に対する余裕を見込んだ90cm以上の有効幅を確保する。
　　　◇高齢者等が安全に移動できるよう、両側の手すりにつかまることが出来る程度の幅とすることがなお望ましい。
　3）段差
　　　○段差を設けない。
　　　○桟橋・岸壁とタラップ、タラップと舷門（船舶）の間の摺動部に、構造上やむを得ず段差が生じる場合には、フラップ（補助板）を設置すること等により、これを極力小さくする。
　　3－1）摺動部
　　　　○安全に配慮した構造とする。
　　　　○フラップの端部とそれ以外の部分との色の明度の差が大きいこと等により摺動部を容易に識別できるものとする。
　　　　◇フラップの端部の厚みを可能な限り平坦に近づけることとし、面取りをするなど、車いす使用者が容易に通過できる構造とすることがなお望ましい。
　　　　○タラップ本体に階段を有する場合、別途スロープ又は昇降装置を設置する。
　4）階段

○タラップの高さが変化する構造のものを除き、蹴込み板を設ける。
5）手すり
　　○両側に手すりを設置する。
　　○手すりは2段とする。
　　◇始終端部においてはタラップへ乗り移る場合に際し、つかまりやすい形状に配慮することがなお望ましい。
6）勾配
　　◇1/12以下とすることがなお望ましい。
7）転落防止設備
　　○転落の恐れがある箇所には転落を防止できる構造の柵を設ける。
8）ひさし
　　◇風雨雪及び日射を防ぐことができる構造の屋根またはひさしを設置することが、なお望ましい。

(2)　ボーディングブリッジ
　　高齢者、身体障害者、妊産婦等すべての人が安全かつ円滑に移動できるよう、連続性のある移動動線の確保に努めることが必要である。
　　ボーディングブリッジのバリアフリー化にあたっては、特別の配慮が必要であることから、ここに記述することとする。
　　旅客船ターミナルとボーディングブリッジ、ボーディングブリッジと乗降口の接続部、並びにボーディングブリッジ内の伸縮部に生じる段差については、フラップ（補助板）等を設置することで、その解消を図る。
1）表面
　　○滑りにくい仕上げとする。
2）幅
　　2－1）乗降口
　　　　○車いす使用者の動作に対する余裕を見込んだ90cm以上の有効幅を確保する。
　　2－2）通路
　　　　○車いす使用者が円滑に通行できる90cm以上の有効幅を確保する。
　　　　◇車いす使用者を含めた旅客の円滑な流動を確保するため、人と車いす使用者がすれ違うことができる幅又は場所を確保することがなお望ましい。
3）段差
　　○段差を設けない。
　　○桟橋・岸壁とボーディングブリッジ、ボーディングブリッジと舷門（船舶）の間の摺動部に、構造上やむを得ず段差が生じる場合には、フラップ（補助板）を設置する等により、これを極力小さくする。
　　3－1）摺動部
　　　　○安全に配慮した構造とする。
　　　　○フラップの端部とそれ以外の部分との色の明度の差が大きいこと等により摺動部を容易に識別できるものとする。
　　　　◇フラップの端部の厚みを可能な限り平坦に近づけることとし、面取りをするなど、車い

　　　　す使用者が容易に通過できる構造とすることがなお望ましい。
　　　○伸縮部を除き、両側に手すりを設置する。
　4）手すり
　　　○手すりは2段とする。
　　　◇始終端部においては、ボーディングブリッジへの移動に際し、つかまりやすい形状に配慮
　　　　することがなお望ましい。
　5）勾配
　　　◇1/12以下とすることがなお望ましい。
　6）視覚障害者誘導用ブロック
　　　○傾斜部の始終端部から30cm程度離れた箇所に、点状ブロックを敷設する。
　7）転落防止設備
　　　○転落の恐れがある箇所には転落を防止できる構造の柵等を設ける。
　8）扉
　　　○係員による開放を行わない場合は、自動式の引き戸とする。

第四章　航空旅客ターミナルに関するガイドライン

①航空旅客保安検査場の通路

　車いす使用者、その他金属探知機に反応することが明らかな器具等を使用する者については、門型の金属探知機を通過しなくてすむように十分な広さをもった別通路を設けるとともに、その旨の案内表示を行う。

　1）通路の幅
　　　○有効幅は、90cm以上とする。
　2）案内表示
　　　○金属探知機に反応する車いす使用者、医療器具等の使用者、妊婦等が金属探知機を通過し
　　　　なくてすむ旨の案内表示をする。

②航空旅客搭乗橋

　搭乗橋は伸縮部分、可動部分を含む構造であるが、可能な限り移動円滑化に配慮する。
　1）幅
　　　○有効幅は、90cm以上とする。
　2）勾配
　　　○渡り板部分を除き、1/12以下とする。
　　　○渡り板部分についても円滑な移動ができるよう可能な限り勾配を緩やかにする。
　3）手すり
　　　○可動部分等を除き、手すりを設置する。
　　　○渡り板部分には両側に手すりを設置する。
　4）床の表面
　　　○床の表面は滑りにくい仕上げとする。
　5）視覚障害者誘導用ブロック
　　　○旅客搭乗橋については、視覚障害者誘導ブロックを敷設しないことができる。

6）渡り板
　○板の表面は滑りにくい仕上げとする。

③航空旅客搭乗改札口

　各搭乗口の自動もしくはその他の改札口は、車いす使用者が円滑に通過できるよう配慮する。

1）幅
　○各航空機の乗降口に通ずる改札口のうち1以上は、有効幅を80cm以上とする。

おわりに

　本整備ガイドラインは、多様な利用者の多彩なニーズに応え、すべての利用者がより円滑に利用できるよう、公共交通機関の旅客施設の整備の望ましい内容を示すものである。

　本整備ガイドラインが、平成13年3月に策定された「公共交通機関の車両に関するモデルデザイン等」とあわせて、公共交通事業者等の整備の目安となることにより、連続性のある公共交通機関となることが期待される。

　また、最近の福祉機器の開発に見られるように、技術革新のスピードは目覚ましく、このため、本整備ガイドラインに沿うだけでは必ずしも適切に対応できない事例が本整備ガイドライン策定後比較的短期間のうちに増えてくる事態も想定される。このような事態においても適切な対応が図られるよう、関係者には、本整備ガイドラインの基本的な考え方を踏まえつつできる限り弾力的に新しい事態に対応していくことが望まれる。

　さらに、公共交通事業者等が本整備ガイドライン等に沿った旅客施設のハードの整備を推進するとともに、啓発、広報、情報提供やコミュニケーション対策などのソフト面の対策を講ずることもなお一層望まれる。

　国・地方公共団体等においても、公共交通事業者等におけるバリアフリー化の取り組みへの支援等、移動円滑化を促進するために必要な措置を講ずることが望まれる。

　本整備ガイドラインにおいて、平成6年度に策定された「公共交通ターミナルにおける高齢者・障害者のための施設整備ガイドライン」よりも望ましい設備に変更した項目も多数存在する。このような項目について、既存の施設が従来のガイドラインに沿って整備されていた場合、これらについて直ちにすべてを本整備ガイドラインにあわせて作り変えることが求められているものではないが、機会を捉えて順次対応していくことが望まれる。一方、視覚障害者誘導用ブロックの敷設方法など、従来の設備を変更する場合には現場ごとに十分な周知や意見聴取を行うことが望ましい場合もあることに留意が必要である。

　なお、本整備ガイドライン作成のための検討の中で、いくつかの課題が残されることとなった。

　一つは視覚障害者の誘導システムである。本整備ガイドラインにおいては、視覚障害者誘導用ブロックや音声・音響案内装置等、視覚障害者誘導案内用設備について盛り込んでいるが、現在、IT化の進展により、例えば歩行者が端末を持ち歩くことにより現在位置に応じた位置案内や誘導案内を行う新しいシステムの研究開発が行われている。しかしながら、この新しい誘導システムについては、現在のところ様々な方式が試行されている状況であり、規格が統一されていないため、本整備ガイドラインに盛り込むには至らなかった。新しい誘導システム以外でも、視覚障害者誘導用ブロックの個別箇所ごとの敷設方法など、視覚障害者の移動支援設

備についてはなお議論や検討が必要であるため本整備ガイドラインに盛り込めないものもあった。そこで、これらについては今後別途さらに検討を進めることとし、検討結果がまとまった際には本整備ガイドラインの該当部分がそれに従って改訂されることとした。

　また、器具の規格の統一や新たな器具の開発も今後の課題である。例えば非常ボタンについては、他のボタンと異なる形状とし、かつすべての施設において統一的に同じ形状とされれば視覚障害者にも分かりやすいとの意見があった。これについては、公共交通機関だけで対応しても効果はなく、製品全体での対応が必要であるため、本整備ガイドラインに盛り込むには至らなかった。また、視覚障害者や車いす使用者にとってより使いやすい券売機等についても、そのような製品が開発されていないために本整備ガイドラインに盛り込むことができなかった。なお、器具の規格の統一や券売機、エレベーター、自動改札機等の機械の開発にあたっては、これらを利用することとなる障害者を含む利用者の意見を聞くことが重要である。

　さらに、聴覚障害者や知的障害者等が利用しやすい設備や情報提供、コミュニケーション対策のより一層の検討（例えば、鉄道車両のドアが閉じることを閉じる少し前に視覚情報で知らせる設備）が必要という指摘もなされた。

　これらの残された課題について、広く研究や検討が行われることが望まれ、その際、必要に応じて本整備ガイドラインに反映させることが望まれる。

　本整備ガイドラインは、ただ作成されるだけでは効果は限定的なものにとどまる。本整備ガイドラインに沿った整備が行われるよう、その内容の周知、啓発を行うとともに、移動円滑化の状況に応じ、課題等を点検し、必要に応じて整備ガイドライン自体を見直すことが必要である。そこで、「公共交通ターミナルにおける高齢者・障害者等の移動円滑化ガイドライン検討委員会」を本整備ガイドラインの作成後も「公共交通機関旅客施設の移動円滑化委員会」として存続させ、本整備ガイドラインのフォローアップを含め、公共交通機関の旅客施設の移動円滑化に関し、その課題等を検討していくこととした。

　交通バリアフリー法や本整備ガイドラインに沿った整備によって、21世紀には旅客施設がバリアフリーであることが当然となるとともに、ユニバーサルデザインの考え方の下に整備されることを期待したい。

資料5　公共交通旅客施設の移動円滑化整備ガイドライン策定時のパブリックコメントの概要（トイレ部分）

公共交通旅客施設の移動円滑化整備ガイドライン策定時においてパブリックコメントを行った。

パブリックコメントにおけるトイレに関する意見および回答を抜粋し、以下にまとめた。
（パブリックコメント実施期間平成13年4月9日～平成13年5月8日）

表　移動円滑化整備ガイドラインに際してのパブリックコメント時のトイレに関する指摘事項および回答

（トイレ）

		ご意見（指摘事項）	ご意見に対する考え方（回答）
配　置		一般の人も使えるトイレには、よく階段ができていますが、これも松葉杖やステッキを使用する人にとっては、バリアです。特にトイレのことに関しては、女性の委員が入っていないことは遺憾です。	●修正 考え方に「トイレは利用しやすい位置に設置し、すべての利用者がアクセスしやすい構造とする」旨を記載します。
		車いす使用者には、男性・女性がいます。車いす使用者トイレも男女区別されるべきと考えます。	異性介助を考えると共用タイプへのニーズも多く、男女別が常に良いとは言いきれないため、共用のものを1以上または男女別にそれぞれ1以上設置することとしています。
案内表示		トイレの案内表示の「出入口付近に男女別表示をわかりやすく表示する。」について、掲出高さを、弱視者にも容易に識別できるようおおむね150cmを目安とする旨加えてほしい。（位置が高いと至近距離まで接近して見ることができないため）	●修正 点字等の案内板は視覚障害者が肩の高さで案内板を見つけることができるよう床から中心までの高さを140cmから150cmとする旨の記載に修正します。
		トイレ入口の案内表示については、入り口付近の男女区別の表記を見やすくし、その高さを150センチ程度にすることを明記されたい。	
		既存のトイレにおいても、入り口近くの眼の高さの位置に、男女別表示を白地に黒や赤で明確に表示し、これに点字も併記する必要がある。	
		男女のサインについては、水色や淡いピンクなど弱視者に識別しにくい色を避け、かつ色の明度差を大きくする。地色には金色や銀色などの金属色を使わないなどを加えてほしい。（弱視者の視認性の確保のためには色の明度差や彩度が十分に大きい必要があるこ	案内情報の項で標準案内用図記号について記載しております。

		と、また金属色は、周囲の色にとけこんでしまい、どの色と組み合わせても十分な明度差が得られないため）	
		小便器、大便器、洗面器について、周囲の壁面や床面と容易に識別できるよう、色の明度差をある程度大きくした配色とすることが望ましい旨加えてほしい。多機能トイレの便器、洗面器についても同様。また、トイレ内には衝突の危険のある突起物や突出した壁面等を極力避けるとともに、弱視者が安全に利用できるよう、明るさ（便房内を含む）及び配色について配慮する旨付け加えてほしい。（トイレ内での移動や便器等の位置を弱視者にも容易に視認できるようにするため）	個々の設計において、配慮すべきことと考えます。
		便所の位置を示すため、常時せせらぎ又は鹿威しなどの音を流す。（音声案内が望ましいが、耳障りという人があるのを配慮するならば、上記のような工夫が必要ではないか。）	音声・音響による視覚障害者の移動支援策については、今後別途検討することとします。
		男用か女用かはセンサーで入り口近くに人が近づけば音声で示してもらいたい。	
		トイレの案内表示は点字でなく、センサーで感知して（人間を）音声で案内してください。小さな声でよいのです。例：「右は女性、左は男性のトイレです。」	
	大便器	便所の水洗については、様々な形式があり、視覚障害者にはスイッチの位置が大変分かりにくいので、自動水洗とすることを原則として頂きたい。	製品の技術開発について制約することは適当でないため、記載が困難であると考えます。
		流水方式の一定化・水洗レバー位置の統一化現在流水方法として様々な方式があります。押しボタン・ペダル踏み・押しペダル・自動流水 etc。そしてその位置も前・右・左とさまざまです。だいたいの見当をつけて壁を触るわけですが、これは勘弁して欲しい！！	
		公共施設の水洗スイッチは全国で統一されていないと、知らない場所へ行った場合の円滑な操作ができない。視覚障害者には、タッチ式や自動水洗などが分からず、あちこちスイッチを探す苦労が絶えない。また、ボタン式だと非常ボタンを押すなどの誤りを冒す。できれば「レバー式」か、「赤外線手かざし式－音声でその場所から知らせる」が良い。視覚障害者のうち、点字が読めるのは10％程度にすぎない。できる限り音声で知らせるよう、統一したガイドラインを策定していただ	

	きたい。	
	水洗装置の位置を示す音響装置を設置する、またボタンを触った時の形状やどのように水を流すべきかわからず困るケースが多い。便座から立ち上がると自動的に流れるようにするか、スイッチの外観を統一して欲しい。	
	便器の向きの一定化 視覚障害者には『ひとめ見て』ということができません。和式・洋式・右向き・左向き・正面…、いずれにしても手で確認するわけです。これもご勘弁をといいたいです。和式の場合は足で確認できますが、お年をめして膝を曲げにくい高齢者にとっては洋式のほうが使いやすいと思います。便器の方向を是非一定化してください。	空間的な制約の中で配置する必要があるため、一律に記載することは困難と考えます。
小　便　器	小便器は、背景の壁と区別しやすい配色とし、低視力者でも容易に見つけられるようにする必要がある旨を追加すべき	個々の設計において、配慮すべきことと考えます。
通 報 装 置	緊急通報装置は誤操作した場合に復旧できる方式のものが望ましい。（水洗などと誤って押してしまうことが多いため。多くの場所で誤操作防止のカバーなどが取り付けられており、操作性を悪くしている。）	製品の開発と普及を見極めて検討すべきことと考えます。
簡　易　型 多機能便房	簡易型多機能便房の位置付けが不明確。多機能トイレが設置できない場合に設置するのか、多機能トイレが設置されていても一般トイレ内に設置するのか記述した方が良い。	多機能トイレを1以上設置した上で、簡易型を可能な限り設置することとしています。 （トイレ全般）の配置の項に記載しております。

（多機能トイレ）

	ご意見（指摘事項）	ご意見に対する考え方（回答）
扉	ドアの電動式扉について、介護者用スイッチというのが、最近導入されてきたが、説明が複雑で、正しく使うと便利だといえるが、間違うとトイレ使用中に開くことも予想され、トイレ使用に不安が伴う。ユニバーサルトイレと言われる回転型扉のパタンも同様で、中で障害により施錠できない場合、空くのではないかと不安が伴う。スルー式扉のトイレもそうです。安心して入れるトイレにしてほしい。	個々の製品の仕様に関することであり、ガイドラインでは記載しないものであります。
便　　器	便座が上下するトイレは必要だとよく言われます。	製品の開発と普及を見極めて検討すべきことと考えます。

オストメイト等への対応	オストメイトのパウチやしびんの洗浄ができる水洗装置について既設の地下鉄駅では構造の制約上、専用の水洗装置を設置するスペースを確保することが不可能、または難しい事例が多い。従って、「標準的な内容」ではなく「なお一層望ましい内容」として記載していただきたい。	移動円滑化基準でも義務付けられていることです。専用の汚物流しを設ける方法のほかに、便器内でパウチやしびんを洗える水洗器具を取り付ける等の方法が考えられます。
付属器具	手かざしセンサー式水洗スイッチを設置する場合は、押しボタン式も併置してほしい。 （手かざしセンサー式水洗スイッチに近づけない場合もあるし、自助具等に反応しにくいから。）	●修正 「手かざしセンサー式とする場合は、押しボタン、手動式レバーハンドル等を併用する」旨を追加いたします。
洗面器	蛇口は、センサー式を設置する場合、レバー式も併置してほしい。 （水量を必要とするとき、センサー式だと一定の水量で止まり、何回も手をかざさなければならず、とてもじゃまくさい。）	製品の開発と普及を見極めて検討すべきことと考えます。
	蛇口の先は、洗面器の真ん中あたりに、水が出るようにしてほしい。 （蛇口の先が短すぎて、手のひらの先端しか洗えないような不便な洗面器が多すぎるから。）	洗面台に近づけるよう、洗面台の下に設ける空間の寸法を規定しています。
その他	法律では車輛も含まれていますが、新幹線の個室もトイレも電動車いすでは使用できません。検討してください。	本ガイドラインは旅客施設を対象としたものであります。

資料6　移動円滑化のために必要な旅客施設及び車両等の構造及び設備に関する基準

（平成12年11月1日　運輸省・建設省令第10号）

最終改正　平成12年12月27日　運輸・建設省令第16号

目次
　第1章　総則（第1条・第2条）
　第2章　旅客施設
　　第1節　総則（第3条）
　　第2節　共通事項
　　　第1款　移動円滑化された経路（第4条）
　　　第2款　通路等（第5条—第8条）
　　　第3款　案内設備（第9条—第11条）
　　　第4款　便所（第12条—第14条）
　　　第5款　その他の旅客用設備（第15条—第17条）
　　第3節　鉄道駅（第18条—第20条）
　　第4節　軌道停留場（第21条）
　　第5節　バスターミナル（第22条）
　　第6節　旅客船ターミナル（第23条—第25条）
　　第7節　航空旅客ターミナル施設（第26条—第28条）
　第3章　車両等
　　第1節　鉄道車両（第29条—第32条）
　　第2節　軌道車両（第33条）
　　第3節　自動車（第34条—第40条）
　　第4節　船舶（第41条—第55条）
　　第5節　航空機（第56条—第61条）
　附則

第1章　総則

（定義）

第1条　この省令において、次の各号に掲げる用語の意義は、それぞれ当該各号に定めるところによる。
　一　視覚障害者誘導用ブロック　線状ブロック及び点状ブロックを適切に組み合わせて床面に敷設したものをいう。
　二　線状ブロック　視覚障害者の誘導を行うために床面に敷設されるブロックであって、線状の突起が設けられており、かつ、周囲の床面との色の明度の差が大きいこと等により容易に識別できるものをいう。
　三　点状ブロック　視覚障害者に対し段差の存在等の警告又は注意喚起を行うために床面に敷設されるブロックであって、点状の突起が設けられており、かつ、周囲の床面との色の明度の差が大きいこと等により容易に識別できるものをいう。

四　車いすスペース　車いすを使用している者（以下「車いす使用者」という。）の用に供するため車両等に設けられる場所であって、次に掲げる要件に該当するものをいう。
　　イ　車いす使用者が円滑に利用するために十分な広さが確保されていること。
　　ロ　車いす使用者が円滑に利用できる位置に手すり（握り手その他これに類する設備を含む。以下同じ。）が設けられていること。
　　ハ　床の表面は、滑りにくい仕上げがなされたものであること。
　　ニ　車いす使用者が利用する際に支障となる段がないこと。
　　ホ　車いすスペースである旨が表示されていること。
五　鉄道駅　鉄道事業法（昭和61年法律第92号）による鉄道施設であって、旅客の乗降、待合いその他の用に供するものをいう。
六　軌道停留場　軌道法（大正10年法律第76号）による軌道施設であって、旅客の乗降、待合いその他の用に供するものをいう。
七　バスターミナル　自動車ターミナル法（昭和34年法律第136号）によるバスターミナルであって、旅客の乗降、待合いその他の用に供するものをいう。
八　旅客船ターミナル　海上運送法（昭和24年法律第187号）による輸送施設（船舶を除き、同法による一般旅客定期航路事業の用に供するものに限る。）であって、旅客の乗降、待合いその他の用に供するものをいう。
九　航空旅客ターミナル施設　航空旅客ターミナル施設であって、旅客の乗降、待合いその他の用に供するものをいう。
十　鉄道車両　鉄道事業法による鉄道事業者が旅客の運送を行うためその事業の用に供する車両をいう。
十一　軌道車両　軌道法による軌道経営者が旅客の運送を行うためその事業の用に供する車両をいう。
十二　自動車　道路運送法（昭和26年法律第183号）による一般乗合旅客自動車運送事業者が旅客の運送を行うためその事業の用に供する自動車をいう。
十三　船舶　海上運送法による一般旅客定期航路事業（日本の国籍を有する者及び日本の法令により設立された法人その他の団体以外の者が営む同法による対外旅客定期航路事業を除く。）を営む者が旅客の運送を行うためその事業の用に供する船舶をいう。
十四　航空機　航空法（昭和27年法律第231号）による本邦航空運送事業者が旅客の運送を行うためその事業の用に供する航空機をいう。
2　前項に規定するもののほか、この省令において使用する用語は、高齢者、身体障害者等の公共交通機関を利用した移動の円滑化の促進に関する法律（以下「法」という。）において使用する用語の例による。
　　（一時使用目的の旅客施設又は車両等）
第2条　災害等のため一時使用する旅客施設又は車両等の構造及び設備については、この省令の規定によらないことができる。
　　　　第2章　旅客施設
　　　　　第1節　総則
　　（適用範囲）
第3条　旅客施設の構造及び設備については、この章の定めるところによる。
　　　　　第2節　共通事項

第1款　移動円滑化された経路

（移動円滑化された経路）

第4条　公共用通路（旅客施設の営業時間内において常時一般交通の用に供されている一般交通用施設であって、旅客施設の外部にあるものをいう。以下同じ。）と車両等の乗降口との間の経路であって、高齢者、身体障害者等の円滑な通行に適するもの（以下「移動円滑化された経路」という。）を、乗降場ごとに1以上設けなければならない。

2　移動円滑化された経路において床面に高低差がある場合は、傾斜路又はエレベーターを設けなければならない。ただし、構造上の理由により傾斜路又はエレベーターを設置することが困難である場合は、エスカレーター（構造上の理由によりエスカレーターを設置することが困難である場合は、エスカレーター以外の昇降機であって車いす使用者の円滑な利用に適した構造のもの）をもってこれに代えることができる。

3　旅客施設に隣接しており、かつ、旅客施設と一体的に利用される他の施設の傾斜路（第6項の基準に適合するものに限る。）又はエレベーター（第7項の基準に適合するものに限る。）を利用することにより高齢者、身体障害者等が旅客施設の営業時間内において常時公共用通路と車両等の乗降口との間の移動を円滑に行うことができる場合は、前項の規定によらないことができる。管理上の理由により昇降機を設置することが困難である場合も、また同様とする。

4　移動円滑化された経路と公共用通路の出入口は、次に掲げる基準に適合するものでなければならない。

　一　有効幅は、90センチメートル以上であること。ただし、構造上の理由によりやむを得ない場合は、80センチメートル以上とすることができる。

　二　戸を設ける場合は、当該戸は、次に掲げる基準に適合するものであること。

　　イ　有効幅は、90センチメートル以上であること。ただし、構造上の理由によりやむを得ない場合は、80センチメートル以上とすることができる。

　　ロ　自動的に開閉する構造又は車いす使用者その他の高齢者、身体障害者等が容易に開閉して通過できる構造のものであること。

　三　次号に掲げる場合を除き、車いす使用者が通過する際に支障となる段がないこと。

　四　構造上の理由によりやむを得ず段を設ける場合は、傾斜路を併設すること。

5　移動円滑化された経路を構成する通路は、次に掲げる基準に適合するものでなければならない。

　一　有効幅は、140センチメートル以上であること。ただし、構造上の理由によりやむを得ない場合は、通路の末端の付近の広さを車いすの転回に支障のないものとし、かつ、50メートル以内ごとに車いすが転回することができる広さの場所を設けた上で、有効幅を120センチメートル以上とすることができる。

　二　戸を設ける場合は、当該戸は、次に掲げる基準に適合するものであること。

　　イ　有効幅は、90センチメートル以上であること。ただし、構造上の理由によりやむを得ない場合は、80センチメートル以上とすることができる。

　　ロ　自動的に開閉する構造又は車いす使用者その他の高齢者、身体障害者等が容易に開閉して通過できる構造のものであること。

　三　次号に掲げる場合を除き、車いす使用者が通過する際に支障となる段がないこと。

　四　構造上の理由によりやむを得ず段を設ける場合は、傾斜路を併設すること。

6　移動円滑化された経路を構成する傾斜路は、次に掲げる基準に適合するものでなければならない。ただし、構造上の理由によりやむを得ない場合は、この限りでない。
　一　有効幅は、120センチメートル以上であること。ただし、段に併設する場合は、90センチメートル以上とすることができる。
　二　こう配は、12分の1以下であること。ただし、傾斜路の高さが16センチメートル以下の場合は、8分の1以下とすることができる。
　三　高さが75センチメートルを超える傾斜路にあっては、高さ75センチメートル以内ごとに踏幅150センチメートル以上の踊り場が設けられていること。
7　移動円滑化された経路を構成するエレベーターは、次に掲げる基準に適合するものでなければならない。
　一　かご及び昇降路の出入口の有効幅は、80センチメートル以上であること。
　二　かごの内法幅は140センチメートル以上であり、内法奥行きは135センチメートル以上であること。ただし、かごの出入口が複数あるエレベーターであって、車いす使用者が円滑に乗降できる構造のもの（開閉するかごの出入口を音声により知らせる設備が設けられているものに限る。）については、この限りでない。
　三　かご内に、車いす使用者が乗降する際にかご及び昇降路の出入口を確認するための鏡が設けられていること。ただし、前号ただし書に規定する場合は、この限りでない。
　四　かご及び昇降路の出入口の戸にガラスその他これに類するものがはめ込まれていることにより、かご外からかご内が視覚的に確認できる構造であること。
　五　かご内に手すりが設けられていること。
　六　かご及び昇降路の出入口の戸の開扉時間を延長する機能を有したものであること。
　七　かご内に、かごが停止する予定の階及びかごの現在位置を表示する設備が設けられていること。
　八　かご内に、かごが到着する階並びにかご及び昇降路の出入口の戸の閉鎖を音声により知らせる設備が設けられていること。
　九　かご内及び乗降ロビーには、車いす使用者が円滑に操作できる位置に操作盤が設けられていること。
　十　かご内に設ける操作盤及び乗降ロビーに設ける操作盤のうちそれぞれ1以上は、点字がはり付けられていること等により視覚障害者が容易に操作できる構造となっていること。
　十一　乗降ロビーの有効幅は150センチメートル以上であり、有効奥行きは150センチメートル以上であること。
　十二　乗降ロビーには、到着するかごの昇降方向を音声により知らせる設備が設けられていること。ただし、かご内にかご及び昇降路の出入口の戸が開いた時にかごの昇降方向を音声により知らせる設備が設けられている場合又は当該エレベーターの停止する階が2のみである場合は、この限りでない。
8　移動円滑化された経路を構成するエスカレーターは、次に掲げる基準に適合するものでなければならない。ただし、第7号及び第8号については、複数のエスカレーターが隣接した位置に設けられる場合は、そのうち1のみが適合していれば足りるものとする。
　一　上り専用のものと下り専用のものをそれぞれ設置すること。ただし、旅客が同時に双方向に移動することがない場合については、この限りでない。
　二　踏み段の表面及びくし板は、滑りにくい仕上げがなされたものであること。

三　昇降口において、3枚以上の踏み段が同一平面上にあること。
四　踏み段の端部とその周囲の部分との色の明度の差が大きいこと等により踏み段相互の境界を容易に識別できるものであること。
五　くし板の端部と踏み段の色の明度の差が大きいこと等によりくし板と踏み段との境界を容易に識別できるものであること。
六　エスカレーターの上端及び下端に近接する通路の床面等において、エスカレーターへの進入の可否が示されていること。ただし、上り専用又は下り専用でないエスカレーターについては、この限りでない。
七　有効幅は、80センチメートル以上であること。
八　踏み段の面を車いす使用者が円滑に昇降するために必要な広さとすることができる構造であり、かつ、車止めが設けられていること。

第2款　通路等

（通路）
第5条　通路は、次に掲げる基準に適合するものでなければならない。
一　床の表面は、滑りにくい仕上げがなされたものであること。
二　段を設ける場合は、当該段は、次に掲げる基準に適合するものであること。
　イ　踏面の端部とその周囲の部分との色の明度の差が大きいこと等により段を容易に識別できるものであること。
　ロ　段鼻の突き出しがないこと等によりつまずきにくい構造のものであること。

（傾斜路）
第6条　傾斜路は、次に掲げる基準に適合するものでなければならない。
一　手すりが両側に設けられていること。ただし、構造上の理由によりやむを得ない場合は、この限りでない。
二　床の表面は、滑りにくい仕上げがなされたものであること。
三　傾斜路の両側には、立ち上がり部が設けられていること。ただし、側面が壁面である場合は、この限りでない。

（階段）
第7条　階段（踊り場を含む。以下同じ。）は、次に掲げる基準に適合するものでなければならない。
一　手すりが両側に設けられていること。ただし、構造上の理由によりやむを得ない場合は、この限りでない。
二　手すりの端部の付近には、階段の通ずる場所を示す点字をはり付けること。
三　回り段がないこと。ただし、構造上の理由によりやむを得ない場合は、この限りでない。
四　踏面の表面は、滑りにくい仕上げがなされたものであること。
五　踏面の端部とその周囲の部分との色の明度の差が大きいこと等により段を容易に識別できるものであること。
六　段鼻の突き出しがないこと等によりつまずきにくい構造のものであること。
七　階段の両側には、立ち上がり部が設けられていること。ただし、側面が壁面である場合は、この限りでない。

（視覚障害者誘導用ブロック等）
第8条　通路その他これに類するもの（以下「通路等」という。）であって公共用通路と車両

等の乗降口との間の経路を構成するものには、視覚障害者誘導用ブロックを敷設し、又は音声その他の方法により視覚障害者を誘導する設備を設けなければならない。ただし、視覚障害者の誘導を行う者が常駐する2以上の設備がある場合であって、当該2以上の設備間の誘導が適切に実施されるときは、当該2以上の設備間の経路を構成する通路等については、この限りでない。

2　前項の規定により視覚障害者誘導用ブロックが敷設された通路等と第4条第7項第10号の基準に適合する乗降ロビーに設ける操作盤、第11条第2項の規定により設けられる点字による案内板その他の設備、便所の出入口及び第15条の基準に適合する乗車券等販売所との間の経路を構成する通路等には、それぞれ視覚障害者誘導用ブロックを敷設しなければならない。ただし、前項ただし書に規定する場合は、この限りでない。

3　階段、傾斜路及びエスカレーターの上端及び下端に近接する通路等には、点状ブロックを敷設しなければならない。

　　　　第3款　案内設備

（運行情報提供設備）

第9条　車両等の運行（運航を含む。）に関する情報を文字等により表示するための設備及び音声により提供するための設備を備えなければならない。ただし、電気設備がない場合その他技術上の理由によりやむを得ない場合は、この限りでない。

（標識）

第10条　昇降機、便所又は乗車券等販売所（以下「移動円滑化のための主要な設備」という。）の付近には、移動円滑化のための主要な設備があることを表示する標識を設けなければならない。

（移動円滑化のための主要な設備の配置等の案内）

第11条　公共用通路に直接通ずる出入口（鉄道駅にあっては、当該出入口又は改札口。次項において同じ。）の付近には、移動円滑化のための主要な設備（第4条第3項前段の規定により昇降機を設けない場合にあっては、同項前段に規定する他の施設のエレベーターを含む。以下この条において同じ。）の配置を表示した案内板その他の設備を備えなければならない。ただし、移動円滑化のための主要な設備の配置を容易に視認できる場合は、この限りでない。

2　公共用通路に直接通ずる出入口の付近には、旅客施設の構造及び移動円滑化のための主要な設備の配置を視覚障害者に示すための点字による案内板その他の設備を設けなければならない。

　　　　第4款　便所

（便所）

第12条　便所を設ける場合は、当該便所は、次に掲げる基準に適合するものでなければならない。

　一　便所の出入口付近に、男子用及び女子用の区別（当該区別がある場合に限る。）並びに便所の構造を視覚障害者に示すための点字による案内板その他の設備が設けられていること。

　二　床の表面は、滑りにくい仕上げがなされたものであること。

　三　男子用小便器を設ける場合は、1以上の床置式小便器その他これに類する小便器が設けられていること。

　四　前号の規定により設けられる小便器には、手すりが設けられていること。

2 便所を設ける場合は、そのうち1以上は、前項に掲げる基準のほか、次に掲げる基準のいずれかに適合するものでなければならない。
　一　便所（男子用及び女子用の区別があるときは、それぞれの便所）内に車いす使用者その他の高齢者、身体障害者等の円滑な利用に適した構造を有する便房が設けられていること。
　二　車いす使用者その他の高齢者、身体障害者等の円滑な利用に適した構造を有する便所であること。

第13条　前条第2項第1号の便房が設けられた便所は、次に掲げる基準に適合するものでなければならない。
　一　移動円滑化された経路と便所との間の経路における通路のうち1以上は、第4条第5項各号に掲げる基準に適合するものであること。
　二　出入口の有効幅は、80センチメートル以上であること。
　三　出入口には、車いす使用者が通過する際に支障となる段がないこと。ただし、傾斜路を設ける場合は、この限りでない。
　四　出入口には、車いす使用者その他の高齢者、身体障害者等の円滑な利用に適した構造を有する便房が設けられていることを表示する標識が設けられていること。
　五　出入口に戸を設ける場合は、当該戸は、次に掲げる基準に適合するものであること。
　　イ　有効幅は、80センチメートル以上であること。
　　ロ　車いす使用者その他の高齢者、身体障害者等が容易に開閉して通過できる構造のものであること。
　六　車いす使用者の円滑な利用に適した広さが確保されていること。
2　前条第2項第1号の便房は、次に掲げる基準に適合するものでなければならない。
　一　出入口には、車いす使用者が通過する際に支障となる段がないこと。
　二　出入口には、当該便房が車いす使用者その他の高齢者、身体障害者等の円滑な利用に適した構造のものであることを表示する標識が設けられていること。
　三　腰掛便座及び手すりが設けられていること。
　四　高齢者、身体障害者等の円滑な利用に適した構造を有する水洗器具が設けられていること。
3　第1項第2号、第5号及び第6号の規定は、前項の便房について準用する。

第14条　前条第1項第1号から第3号まで、第5号及び第6号並びに同条第2項第2号から第4号までの規定は、第12条第2項第2号の便所について準用する。この場合において、前条第2項第2号中「当該便房」とあるのは、「当該便所」と読み替えるものとする。

　　　　　第5款　その他の旅客用設備
（乗車券等販売所、待合所及び案内所）
第15条　乗車券等販売所を設ける場合は、そのうち1以上は、次に掲げる基準に適合するものでなければならない。
　一　移動円滑化された経路と乗車券等販売所との間の経路における通路のうち1以上は、第4条第5項各号に掲げる基準に適合するものであること。
　二　出入口を設ける場合は、そのうち1以上は、次に掲げる基準に適合するものであること。
　　イ　有効幅は、80センチメートル以上であること。
　　ロ　戸を設ける場合は、当該戸は、次に掲げる基準に適合するものであること。
　　　(1)　有効幅は、80センチメートル以上であること。

(2) 車いす使用者その他の高齢者、身体障害者等が容易に開閉して通過できる構造のものであること。
　　ハ　ニに掲げる場合を除き、車いす使用者が通過する際に支障となる段がないこと。
　　ニ　構造上の理由によりやむを得ず段を設ける場合は、傾斜路を併設すること。
　三　カウンターを設ける場合は、そのうち1以上は、車いす使用者の円滑な利用に適した構造のものであること。ただし、常時勤務する者が容易にカウンターの前に出て対応できる構造である場合は、この限りでない。
２　前項の規定は、待合所及び案内所を設ける場合について準用する。
　（券売機）
第16条　乗車券等販売所に券売機を設ける場合は、そのうち1以上は、高齢者、身体障害者等の円滑な利用に適した構造のものでなければならない。ただし、乗車券等の販売を行う者が常時対応する窓口が設置されている場合は、この限りでない。
　（休憩設備）
第17条　高齢者、身体障害者等の休憩の用に供する設備を1以上設けなければならない。ただし、旅客の円滑な流動に支障を及ぼすおそれのある場合は、この限りでない。

　　　　第3節　鉄道駅
　（改札口）
第18条　鉄道駅において移動円滑化された経路に改札口を設ける場合は、そのうち1以上は、有効幅が80センチメートル以上でなければならない。
　（プラットホーム）
第19条　鉄道駅のプラットホームは、次に掲げる基準に適合するものでなければならない。
　一　プラットホームの縁端と鉄道車両の旅客用乗降口の床面の縁端との間隔は、鉄道車両の走行に支障を及ぼすおそれのない範囲において、できる限り小さいものであること。この場合において、構造上の理由により当該間隔が大きいときは、旅客に対しこれを警告するための設備を設けること。
　二　プラットホームと鉄道車両の旅客用乗降口の床面とは、できる限り平らであること。
　三　プラットホームの縁端と鉄道車両の旅客用乗降口の床面との隙間又は段差により車いす使用者の円滑な乗降に支障がある場合は、車いす使用者の乗降を円滑にするための設備が1以上備えられていること。ただし、構造上の理由によりやむを得ない場合は、この限りでない。
　四　排水のための横断こう配は、1パーセントが標準であること。ただし、構造上の理由によりやむを得ない場合は、この限りでない。
　五　床の表面は、滑りにくい仕上げがなされたものであること。
　六　ホームドア、可動式ホームさく、点状ブロックその他の視覚障害者の転落を防止するための設備が設けられていること。
　七　プラットホームの線路側以外の端部には、旅客の転落を防止するためのさくが設けられていること。ただし、当該端部に階段が設置されている場合その他旅客が転落するおそれのない場合は、この限りでない。
　八　列車の接近を文字等により警告するための設備及び音声により警告するための設備が設けられていること。ただし、電気設備がない場合その他技術上の理由によりやむを得ない場合は、この限りでない。

2　前項第4号及び第8号の規定は、ホームドア又は可動式ホームさくが設けられたプラットホームについては適用しない。
　　（車いす使用者用乗降口の案内）
第20条　鉄道駅の適切な場所において、第31条第1項の規定により列車に設けられる車いすスペースに通ずる第30条第3号の基準に適合した旅客用乗降口が停止するプラットホーム上の位置を表示しなければならない。ただし、当該プラットホーム上の位置が一定していない場合は、この限りでない。

　　　　第4節　軌道停留場
　　（準用）
第21条　前節の規定は、軌道停留場について準用する。

　　　　第5節　バスターミナル
　　（乗降場）
第22条　バスターミナルの乗降場は、次に掲げる基準に適合するものでなければならない。
　一　床の表面は、滑りにくい仕上げがなされたものであること。
　二　乗降場の縁端のうち、誘導車路その他の自動車の通行、停留又は駐車の用に供する場所（以下「自動車用場所」という。）に接する部分には、さく、点状ブロックその他の視覚障害者の自動車用場所への進入を防止するための設備が設けられていること。
　三　当該乗降場に接して停留する自動車に車いす使用者が円滑に乗降できる構造のものであること。

　　　　第6節　旅客船ターミナル
　　（乗降用設備）
第23条　旅客船ターミナルにおいて船舶に乗降するためのタラップその他の設備（以下この節において「乗降用設備」という。）を設置する場合は、当該乗降用設備は、次に掲げる基準に適合するものでなければならない。
　一　有効幅は、90センチメートル以上であること。
　二　手すりが設けられていること。ただし、構造上の理由によりやむを得ない場合は、この限りでない。
　三　床の表面は、滑りにくい仕上げがなされたものであること。
　　（視覚障害者誘導用ブロックの設置の例外）
第24条　旅客船ターミナルにおいては、乗降用設備その他波浪による影響により旅客が転倒するおそれがある場所については、第8条の規定にかかわらず、視覚障害者誘導用ブロックを敷設しないことができる。
　　（転落防止設備）
第25条　視覚障害者が水面に転落するおそれのある場所には、さく、点状ブロックその他の視覚障害者の水面への転落を防止するための設備を設けなければならない。

　　　　第7節　航空旅客ターミナル施設
　　（保安検査場の通路）
第26条　航空旅客ターミナル施設の保安検査場（航空機の客室内への鉄砲刀剣類等の持込みを防止するため、旅客の身体及びその手荷物の検査を行う場所をいう。以下同じ。）において門型の金属探知機を設置して検査を行う場合は、当該保安検査場内に、車いす使用者その他の門型の金属探知機による検査を受けることのできない者が通行するための通路を別に設け

なければならない。
2　前項の通路の有効幅は、90センチメートル以上でなければならない。
3　保安検査場の通路に設けられる戸については、第4条第5項第2号ロの規定は適用しない。
（旅客搭乗橋）
第27条　航空旅客ターミナル施設の旅客搭乗橋（航空旅客ターミナル施設と航空機の乗降口との間に設けられる設備であって、当該乗降口に接続して旅客を航空旅客ターミナル施設から直接航空機に乗降させるためのものをいう。）は、次に掲げる基準に適合するものでなければならない。ただし、第2号及び第3号については、構造上の理由によりやむを得ない場合は、この限りでない。
一　有効幅は、90センチメートル以上であること。
二　こう配は、12分の1以下であること。
三　手すりが設けられていること。
四　床の表面は、滑りにくい仕上げがなされたものであること。
2　旅客搭乗橋については、第8条の規定にかかわらず、視覚障害者誘導用ブロックを敷設しないことができる。
（改札口）
第28条　各航空機の乗降口に通ずる改札口のうち1以上は、有効幅が80センチメートル以上でなければならない。

第3章　車両等
第1節　鉄道車両

（適用範囲）
第29条　鉄道車両の構造及び設備については、この節の定めるところによる。
（旅客用乗降口）
第30条　旅客用乗降口は、次に掲げる基準に適合するものでなければならない。
一　旅客用乗降口の床面の縁端とプラットホームの縁端との間隔は、鉄道車両の走行に支障を及ぼすおそれのない範囲において、できる限り小さいものであること。
二　旅客用乗降口の床面とプラットホームとは、できる限り平らであること。
三　旅客用乗降口のうち1列車ごとに1以上は、有効幅が80センチメートル以上であること。ただし、構造上の理由によりやむを得ない場合は、この限りでない。
四　旅客用乗降口の床面は、滑りにくい仕上げがなされたものであること。
五　旅客用乗降口の戸の開閉する側を音声により知らせる設備が設けられていること。
六　車内の段の端部とその周囲の部分との色の明度の差が大きいこと等により、車内の段を容易に識別できるものであること。
（客室）
第31条　客室には、1列車ごとに1以上の車いすスペースを設けなければならない。ただし、構造上の理由によりやむを得ない場合は、この限りでない。
2　通路及び客室内には、手すりを設けなければならない。
3　便所を設ける場合は、そのうち1列車ごとに1以上は、車いす使用者の円滑な利用に適した構造のものでなければならない。ただし、構造上の理由によりやむを得ない場合は、この限りでない。
4　前条第3号の基準に適合する旅客用乗降口と第1項の規定により設けられる車いすスペー

スとの間の通路のうち1以上及び当該車いすスペースと前項の基準に適合する便所との間の通路のうち1以上の有効幅は、それぞれ80センチメートル以上でなければならない。ただし、構造上の理由によりやむを得ない場合は、この限りでない。

5 　客室には、次に停車する鉄道駅の駅名その他の当該鉄道車両の運行に関する情報を文字等により表示するための設備及び音声により提供するための設備を備えなければならない。

　　　（車体）

第32条　鉄道車両の連結部（常時連結している部分に限る。）には、プラットホーム上の旅客の転落を防止するための設備を設けなければならない。ただし、プラットホームの設備等により旅客が転落するおそれのない場合は、この限りでない。

2 　車体の側面に、鉄道車両の行き先及び種別を見やすいように表示しなければならない。ただし、行き先又は種別が明らかな場合は、この限りでない。

　　　　　第2節　軌道車両

　　　（準用）

第33条　前節の規定は、軌道車両について準用する。

　　　　　第3節　自動車

　　　（適用範囲）

第34条　自動車の構造及び設備については、この節の定めるところによる。

　　　（乗降口）

第35条　乗降口の踏み段は、その端部とその周囲の部分との色の明度の差が大きいこと等により踏み段を容易に識別できるものでなければならない。

2 　乗降口のうち1以上は、次に掲げる基準に適合するものでなければならない。

　一　有効幅は、80センチメートル以上であること。

　二　スロープ板その他の車いす使用者の乗降を円滑にする設備（国土交通大臣の定める基準に適合しているものに限る。）が備えられていること。

　　　（床面）

第36条　国土交通大臣の定める方法により測定した床面の地上面からの高さは、65センチメートル以下でなければならない。

2 　床の表面は、滑りにくい仕上げがなされたものでなければならない。

　　　（車いすスペース）

第37条　自動車には、次に掲げる基準に適合する車いすスペースを1以上設けなければならない。

　一　車いすを固定することができる設備が備えられていること。ただし、車いす使用者が後ろ向きの状態で利用する車いすスペースであって背あてが設けられているものについては、この限りでない。

　二　車いすスペースに座席を設ける場合は、当該座席は容易に折り畳むことができるものであること。

　三　他の法令の規定により旅客が降車しようとするときに容易にその旨を運転者に通報するためのブザその他の装置を備えることとされている自動車である場合は、車いす使用者が利用できる位置に、当該ブザその他の装置が備えられていること。

　四　前各号に掲げるもののほか、長さ、幅等について国土交通大臣の定める基準に適合するものであること。

（通路）

第38条　第35条第2項の基準に適合する乗降口と車いすスペースとの間の通路の有効幅（容易に折り畳むことができる座席が設けられている場合は、当該座席を折り畳んだときの有効幅）は、80センチメートル以上でなければならない。

2　通路には、国土交通大臣が定める間隔で手すりを設けなければならない。

（運行情報提供設備等）

第39条　車内には、次に停車する停留所の名称その他の当該自動車の運行に関する情報を文字等により表示するための設備及び音声により提供するための設備を備えなければならない。

2　自動車には、車外用放送設備を設けなければならない。

3　自動車の前面、左側面及び後面に、自動車の行き先を見やすいように表示しなければならない。

（基準の適用除外）

第40条　地方運輸局長が、その構造により又はその運行の態様によりこの省令の規定により難い特別の事由があると認定した自動車については、第35条から前条まで（第35条第1項及び第36条第2項を除く。）に掲げる規定のうちから当該地方運輸局長が当該自動車ごとに指定したものは、適用しない。

2　前項の認定は、条件又は期限を付して行うことができる。

3　第1項の認定を受けようとする者は、次に掲げる事項を記載した申請書を地方運輸局長に提出しなければならない。

一　氏名又は名称及び住所
二　車名及び型式
三　車台番号
四　使用の本拠の位置
五　認定により適用を除外する規定
六　認定を必要とする理由

4　地方運輸局長は、次の各号のいずれかに該当する場合には、第1項の認定を取り消すことができる。

一　認定の取消しを求める申請があったとき。
二　第2項の規定による条件に違反したとき。

第4節　船舶

（適用範囲）

第41条　船舶の構造及び設備については、この節の定めるところによる。

（乗降用設備）

第42条　船舶に乗降するためのタラップその他の設備を備える場合は、そのうち1以上は、次に掲げる基準に適合するものでなければならない。

一　車いす使用者が持ち上げられることなく乗降できる構造のものであること。
二　有効幅は、80センチメートル以上であること。
三　手すりが設けられていること。
四　床の表面は、滑りにくい仕上げがなされたものであること。

（出入口）

第43条　旅客が乗降するための出入口（舷門又は甲板室の出入口をいう。）のうち1以上は、

次に掲げる基準に適合するものでなければならない。
一　有効幅は、80センチメートル以上であること。
二　スロープ板その他の車いす使用者が円滑に通過できるための設備が備えられていること。
2　車両区域の出入口のうち1以上は、次に掲げる基準に適合するものでなければならない。
一　有効幅は、80センチメートル以上であること。
二　スロープ板その他の車いす使用者が円滑に通過できるための設備が備えられていること。
三　高齢者、身体障害者等が車両から乗降するための場所であって、次に掲げる基準に適合するもの（以下「乗降場所」という。）が設けられていること。
　イ　有効幅は、350センチメートル以上であること。
　ロ　車両区域の出入口に隣接して設けられていること。ただし、乗降場所と車両区域の出入口との間に有効幅が80センチメートル以上である通路を1以上設ける場合は、この限りでない。
　ハ　乗降場所であることを示す表示が設けられていること。

（客席）
第44条　航行予定時間が8時間未満の船舶の客席のうち旅客定員25人ごとに1以上は、次に掲げる基準に適合するものでなければならない。
一　いす席、座席又は寝台であること。
二　高齢者、身体障害者等の円滑な利用に適した構造のものであること。
三　手すりが設けられていること。
四　床の表面は、滑りにくい仕上げがなされたものであること。
2　航行予定時間が8時間以上の船舶の客席のうち旅客定員25人ごとに1以上は、次に掲げる基準に適合するものでなければならない。
一　いす席、座席又は寝台であること。
二　いす席が設けられる場合は、その収容数25人ごとに1以上は、前項第2号から第4号までに掲げる基準に適合するものであること。
三　座席又は寝台が設けられる場合は、その収容数25人ごとに1以上は、前項第2号から第4号までに掲げる基準に適合するものであること。

（車いすスペース）
第45条　旅客定員100人ごとに1以上の車いすスペースを車いす使用者が円滑に利用できる場所に設けなければならない。ただし、航行予定時間が8時間以上であり、かつ、客席として座席又は寝台のみが設けられている船舶については、この限りでない。
2　前項の規定により設けられた車いすスペース（以下単に「車いすスペース」という。）には、車いすを固定することができる設備を設けなければならない。

（通路）
第46条　第43条第1項の基準に適合する出入口及び同条第2項の基準に適合する車両区域の出入口と第44条第1項又は第2項の基準に適合する客席（以下「基準適合客席」という。）及び車いすスペースとの間の通路のうちそれぞれ1以上は、次に掲げる基準に適合するものでなければならない。
一　有効幅は、80センチメートル以上であること。
二　手すりが設けられていること。
三　手すりの端部の付近には、通路の通ずる場所を示す点字をはり付けること。

四　床の表面は、滑りにくい仕上げがなされたものであること。
　　五　スロープ板その他の車いす使用者が円滑に通過できるための設備が備えられていること。
　　六　通路の末端の付近の広さは、車いすの転回に支障のないものであること。
２　前項の規定は、基準適合客席及び車いすスペースと船内旅客用設備（便所（第49条第３項の規定により準用される第12条第２項の基準に適合する便所に限る。）、第50条の基準に適合する食堂、１以上の売店（もっぱら人手により物品の販売を行うための設備に限る。）及び総トン数20トン以上の船舶の遊歩甲板（通常の航行時において旅客が使用する暴露甲板（通路と兼用のものは除く。）であって、基準適合客席と同一の甲板上にあるものをいう。以下同じ。）をいう。以下同じ。）との間の通路のうちそれぞれ１以上について準用する。この場合において、前項第１号中「80センチメートル」とあるのは「120センチメートル」と、同項第６号中「支障のないものであること」とあるのは「支障のないものであり、かつ、50メートル以内ごとに車いすが転回し及び車いす使用者同士がすれ違うことができる広さの場所が設けられていること」と読み替えるものとする。
３　前２項の通路に戸（暴露されたものを除く。）を設ける場合は、当該戸は、次に掲げる基準に適合するものであること。
　　一　有効幅は、80センチメートル以上であること。
　　二　自動的に開閉する構造又は車いす使用者その他の高齢者、身体障害者等が容易に開閉して通過できる構造のものであること。
　（階段）
第47条　第７条（同条第１号ただし書及び第３号ただし書を除く。）の規定は、前条第１項及び第２項の通路に設置される階段について準用する。この場合において、第７条第１号中「手すりが両側に」とあるのは、「手すりが」と読み替えるものとする。
　（昇降機）
第48条　第43条第１項の基準に適合する出入口及び同条第２項の基準に適合する車両区域の出入口と基準適合客席又は車いすスペースが別甲板にある場合には、第46条第１項の基準に適合する通路に、エレベーター、エスカレーターその他の昇降機であって車いす使用者その他の高齢者、身体障害者等の円滑な利用に適した構造のものを１以上設けなければならない。
２　前項の規定により設けられるエレベーターは、次に掲げる基準に適合するものでなければならない。
　　一　かごの広さは、車いす使用者が乗り込むのに十分なものであること。
　　二　床の表面は、滑りにくい仕上げがなされたものであること。
３　第４条第７項第１号、第５号、第７号及び第11号の規定は、第１項の規定により設けられるエレベーターについて準用する。この場合において、同号中「有効幅は150センチメートル以上」とあるのは「有効幅は140センチメートル以上」と、「有効奥行きは150センチメートル以上」とあるのは「有効奥行きは135センチメートル以上」と読み替えるものとする。
４　第１項の規定により設けられるエスカレーターは、次に掲げる基準に適合するものでなければならない。
　　一　エスカレーターが１のみ設けられる場合にあっては、昇降切換装置が設けられていること。
　　二　勤務する者を呼び出すための装置が設けられていること。
５　第４条第８項（同項第１号及び第６号を除く。）の規定は、第１項の規定により設けられ

るエスカレーターについて準用する。
6 基準適合客席又は車いすスペースと船内旅客用設備が別甲板にある場合には、第46条第2項の基準に適合する通路にエレベーターを1以上設けなければならない。
7 第4条第7項（同項第4号を除く。）及び第2項第2号の規定は、前項の規定により設けられるエレベーターについて準用する。
（便所）
第49条　便所を設ける場合は、腰掛便座及び手すりが設けられた便房を1以上設けなければならない。
2 第12条第1項の規定は、船舶に便所を設ける場合について準用する。
3 第12条第2項、第13条（同条第1項第1号及び第3号ただし書並びに第2項第3号を除く。）及び第14条の規定は、他の法令の規定により便所を設けることとされている船舶の便所について準用する。この場合において、第13条第2項第4号中「水洗器具」とあるのは「手を洗うための水洗器具」と、第14条中「前条第1項第1号から第3号まで」とあるのは「前条第1項第2号、第3号（ただし書を除く。）」と、「同条第2項第2号から第4号まで」とあるのは「同条第2項第2号及び第4号」と読み替えるものとする。
（食堂）
第50条　もっぱら旅客の食事の用に供する食堂を設ける場合は、そのうち1以上は、次に掲げる基準に適合するものでなければならない。
一　出入口の有効幅は、80センチメートル以上であること。
二　出入口には段がないこと。
三　床の表面は、滑りにくい仕上げがなされたものであること。
四　食堂には、いすの収容数100人ごとに1以上の割合で、車いす使用者の円滑な利用に適した構造を有するテーブルを配置すること。
（遊歩甲板）
第51条　総トン数約20トン以上の船舶の遊歩甲板は、次に掲げる基準に適合するものでなければならない。
一　出入口の有効幅は、80センチメートル以上であること。
二　段を設ける場合は、スロープ板その他の車いす使用者が円滑に通過できるための設備が備えられていること。
三　戸（遊歩甲板の出入口の戸を除く。）を設ける場合は、当該戸は、次に掲げる基準に適合するものであること。
　イ　有効幅は、80センチメートル以上であること。
　ロ　自動的に開閉する構造又は車いす使用者その他の高齢者、身体障害者等が容易に開閉して通過できる構造のものであること。
四　床の表面は、滑りにくい仕上げがなされたものであること。
五　手すりが設けられていること。
（点状ブロック）
第52条　階段及びエスカレーターの上端及び下端並びにエレベーターの操作盤に近接する通路には、点状ブロックを敷設しなければならない。
（運航情報提供設備）
第53条　目的港の港名その他の当該船舶の運航に関する情報を文字等により表示するための設

備及び音声により提供するための設備を備えなければならない。
　　　（基準適合客席、車いすスペース、昇降機、船内旅客用設備及び非常口の配置の案内）
第54条　基準適合客席、車いすスペース、昇降機、船内旅客用設備及び非常口の配置を表示した案内板その他の設備を設けなければならない。
２　基準適合客席、車いすスペース、昇降機、船内旅客用設備及び非常口の配置を視覚障害者に示すための点字による案内板その他の設備を設けなければならない。
　　　（基準の適用除外）
第55条　総トン数５トン未満の船舶については、この省令の規定によらないことができる。
２　地方運輸局長（海運監理部長を含む。以下この条において同じ。）が、その構造又は航行の態様によりこの省令の規定により難い特別の事由があると認定した船舶については、第42条から前条までに掲げる規定のうちから当該地方運輸局長が当該船舶ごとに指定したものは、適用しない。
３　第40条第２項から第４項まで（同条第３項第２号を除く。）の規定は、前項の認定について準用する。この場合において、同条第３項第３号中「車台番号」とあるのは「船名及び船舶番号又は船舶検査済票の番号」と、同項第４号中「使用の本拠の位置」とあるのは「就航航路」と読み替えるものとする。
４　前項の規定により準用される第40条第３項の申請書は、海運支局長を経由して提出することができる。

　　　第５節　航空機
　　（適用範囲）
第56条　航空機の構造及び設備については、この節の定めるところによる。
　　（通路）
第57条　客席数が60以上の航空機の通路は、第59条の規定により備え付けられる車いすを使用する者が円滑に通行することができる構造でなければならない。
　　（可動式のひじ掛け）
第58条　客席数が30以上の航空機には、通路に面する客席（構造上の理由によりひじ掛けを可動式とできないものを除く。）の半数以上について、通路側に可動式のひじ掛けを設けなければならない。
　　（車いすの備付け）
第59条　客席数が60以上の航空機には、当該航空機内において利用できる車いすを備えなければならない。
　　（運航情報提供設備）
第60条　客席数が30以上の航空機には、当該航空機の運航に関する情報を文字等により表示するための設備及び音声により提供するための設備を備えなければならない。
　　（便所）
第61条　通路が２以上の航空機には、車いす使用者の円滑な利用に適した構造を有する便所を１以上設けなければならない。

　　　附　則
　　（施行期日）
第１条　この省令は、法の施行の日（平成12年11月15日）から施行する。ただし、第３章（第

3節を除く。）の規定は、法附則第1条ただし書に規定する規定の施行の日（平成14年5月15日）から施行する。

（経過措置）

第2条 第3章（第3節を除く。）の規定の施行前に製造された鉄道車両であって、公共交通事業者等が当該規定の施行後に新たにその事業の用に供するもののうち、地方運輸局長が認定したものについては、この省令の規定のうちから当該地方運輸局長が当該鉄道車両ごとに指定したものは、適用しない。

2　前項の認定は、条件又は期限を付して行うことができる。

3　第1項の認定を受けようとする者は、次に掲げる事項を記載した申請書を地方運輸局長に提出しなければならない。

　一　氏名又は名称及び住所
　二　車種及び記号番号
　三　車両番号
　四　使用区間
　五　製造年月日
　六　認定により適用を除外する規定
　七　認定を必要とする理由

4　地方運輸局長は、次の各号のいずれかに該当する場合には、第1項の認定を取り消すことができる。

　一　認定の取消しを求める申請があったとき。
　二　第2項の規定による条件に違反したとき。

5　第1項から前項までの規定は、第3章（第3節を除く。）の規定の施行前に製造された軌道車両であって、公共交通事業者等が当該規定の施行後に新たにその事業の用に供するものについて準用する。この場合において、第1項、第3項及び前項中「地方運輸局長」とあるのは、「国土交通大臣」と読み替えるものとする。

6　第1項から第4項までの規定は、この省令の施行前に道路運送車両法（昭和26年法律第185号）第58条第1項に規定する自動車検査証の交付を受けた自動車及び次条の規定によりこの省令の規定を適用しないこととされた自動車であって、公共交通事業者等がこの省令の施行後に新たにその事業の用に供するものについて準用する。この場合において、第3項第2号中「車種及び記号番号」とあるのは「車名及び型式」と、同項第3号中「車両番号」とあるのは「車台番号」と、同項第4号中「使用区間」とあるのは「使用の本拠の位置」と、同項第5号中「製造年月日」とあるのは「自動車検査証の交付を受けた年月日」と読み替えるものとする。

7　第1項から第4項まで（第3項第2号を除く。）の規定は、第3章（第3節を除く。）の規定の施行前に船舶安全法（昭和8年法律第11号）第9条第1項に規定する船舶検査証書の交付を受けた船舶であって、公共交通事業者等が第3章（第3節を除く。）の規定の施行後に新たにその事業の用に供するものについて準用する。この場合において、第1項及び第3項各号列記以外の部分中「地方運輸局長」とあるのは「地方運輸局長（海運監理部長を含む。）」と、同項第3号中「車両番号」とあるのは「船名及び船舶番号又は船舶検査済票の番号」と、同項第4号中「使用区間」とあるのは「就航航路」と、同項第5号中「製造年月日」とあるのは「船舶検査証書の交付を受けた年月日」と、第4項中「地方運輸局長」とあ

るのは「地方運輸局長（海運監理部長を含む。）」と読み替えるものとする。
8　前項の規定により準用される第3項の申請書は、海運支局長を経由して提出することができる。
9　第1項から第4項まで（第3項第4号を除く。）の規定は、第3章（第3節を除く。）の規定の施行前に航空法第10条第1項に規定する耐空証明又は国際民間航空条約の締約国たる外国による耐空証明を受けた航空機その他これに準ずるものとして国土交通大臣が認める航空機であって、公共交通事業者等が第3章（第3節を除く。）の規定の施行後に新たにその事業の用に供するものについて準用する。この場合において、第1項及び第3項各号列記以外の部分中「地方運輸局長」とあるのは「国土交通大臣」と、同項第2号中「車種及び記号番号」とあるのは「種類及び型式」と、同項第3号中「車両番号」とあるのは「国籍記号及び登録記号」と、同項第5号中「製造年月日」とあるのは「耐空証明を受けた年月日（これに準ずるものとして国土交通大臣が認める航空機にあっては、その準ずる事由及び当該準ずる事由が生じた年月日）」と、第4項中「地方運輸局長」とあるのは「国土交通大臣」と読み替えるものとする。

第3条　この省令の公布前に公共交通事業者等が購入する契約を締結した自動車であって、平成13年3月31日までに当該公共交通事業者等が新たにその事業の用に供するものについては、この省令の規定は適用しない。

　　　附　則〔平成12年12月27日運輸・建設省令第16号〕
この省令は、平成13年1月6日から施行する。

資料7　移動円滑化基準策定時のパブリックコメントの概要（トイレ部分）

　交通バリアフリー法（高齢者、身体障害者等の公共交通機関を利用した移動の円滑化の促進に関する法律。平成12年法律第68号）に基づく移動円滑化基準および基本方針策定時に、関係4省庁（運輸省、建設省、警察庁、自治省）においてパブリックコメントが行われた。
　パブリックコメントにおけるトイレに関する意見および回答を抜粋し、以下にまとめた。
（パブリックコメント実施期間　平成12年7月21日～平成12年8月21日）

表　移動円滑化基準策定に際してのパブリックコメント時のトイレに関する指摘事項および回答

	ご意見（指摘事項）	ご意見に対する考え方（回答）
配　置	便所を設ける場合は、男女別型を1以上と、異性介助が可能なように共用型を1以上設けるべき。	男女別型又は共用型を設置することを明確にします。
	車椅子使用者便所以外の便所も間口90cm以上（75cm以上）とし、段差を設けないこととすべき。便房も1つは車椅子で回転できる広さにするのが望ましい。	車椅子使用者の使用できる便所を1以上設置することとしており、それ以外の便所については個々の使用の状況に応じて対応すべきものと考えます。
案内表示	便所の位置と男女別の案内は点字、音声等で行うこととすべき。触知図も含めるべき。	点字等には、音声、触知図等も含まれます。
	便所に至る経路及びその出入口付近の前に誘導ブロックを敷設すべき。	ご指摘を踏まえて対応いたします。
出入口	便所の入口がクランク状に曲がらないようにすべき。	車椅子使用者の通過幅である80cmを確保することとしています。
	便房への出入口に段がある場合傾斜路を設けることとする但し書きは削除し、例外なく段を設けないこととすべき。	ご指摘を踏まえて対応いたします。
便　器	小便器の前に段差を設けないこととすべき。	車椅子使用者も円滑に利用できる身体障害者用便所を1以上設けることとしているところです。
洗面所	便所、便房に付随する洗面所についても設置を義務づけるべき。	ご指摘を踏まえて対応いたします。
床仕上げ	便所はぬれても滑りにくいものとすべき。	「滑りにくいもの」とは、ぬれても滑りにくいものである必要があるものです。
位　置	車椅子使用者の利用可能な便所は、車椅子使用者の移動可能な経路上に設けるべき。	ご指摘を踏まえて対応いたします。
案内表示	車椅子使用者便所は、車椅子使用者	車椅子使用者が円滑に利用できる便

	に限らず誰でも使えるようにすべき。	所は、車椅子以外の方の使用を認めないものではありません。
出　入　口	便所の出入口の幅は、有効幅を85cm以上とすべき。	車椅子の通過幅である80cmを基準としているものです。
付 属 設 備	オストメイト対応型の身体障害者用トイレの設置を基準として明記すべき。	車椅子使用者便所には、高齢者やオストメイトを含む身体障害者等の円滑な利用に資する水洗器具を設けることとしています。
	便所にベビーキャッチャーやベビーシート、杖ホルダー、汚物洗い場、重度障害者用ベッド、休憩場所等を設けるべき。	移動円滑化基準は、最低限必要な基準を罰則をもって担保するものであることから、便所についても最低限の機能を義務づけているものです。今後ガイドライン等において検討したいと考えております。

資料8　高齢者、身体障害者等の公共交通機関を利用した移動の円滑化の促進に関する法律

〔平成12年5月17日〕
〔法律第68号〕

最終改正　平成12年4月26日　法律第47号
（同　12年5月17日　同　第68号）

目次
　　第1章　総則（第1条―第3条）
　　第2章　移動円滑化のために公共交通事業者等が講ずべき措置（第4条・第5条）
　　第3章　重点整備地区における移動円滑化に係る事業の重点的かつ一体的な推進（第6条―第14条）
　　第4章　指定法人（第15条―第19条）
　　第5章　雑則（第20条―第24条）
　　第6章　罰則（第25条―第28条）
　　附則

第1章　総則

（目的）

第1条　この法律は、高齢者、身体障害者等の自立した日常生活及び社会生活を確保することの重要性が増大していることにかんがみ、公共交通機関の旅客施設及び車両等の構造及び設備を改善するための措置、旅客施設を中心とした一定の地区における道路、駅前広場、通路その他の施設の整備を推進するための措置その他の措置を講ずることにより、高齢者、身体障害者等の公共交通機関を利用した移動の利便性及び安全性の向上の促進を図り、もって公共の福祉の増進に資することを目的とする。

（定義）

第2条　この法律において「高齢者、身体障害者等」とは、高齢者で日常生活又は社会生活に身体の機能上の制限を受けるもの、身体障害者その他日常生活又は社会生活に身体の機能上の制限を受ける者をいう。

2　この法律において「移動円滑化」とは、公共交通機関を利用する高齢者、身体障害者等の移動に係る身体の負担を軽減することにより、その移動の利便性及び安全性を向上することをいう。

3　この法律において「公共交通事業者等」とは、次に掲げる者をいう。
　一　鉄道事業法（昭和61年法律第92号）による鉄道事業者（旅客の運送を行うもの及び旅客の運送を行う鉄道事業者に鉄道施設を譲渡し、又は使用させるものに限る。）
　二　軌道法（大正10年法律第76号）による軌道経営者（旅客の運送を行うものに限る。）
　三　道路運送法（昭和26年法律第183号）による一般乗合旅客自動車運送事業者
　四　自動車ターミナル法（昭和34年法律第136号）によるバスターミナル事業を営む者
　五　海上運送法（昭和24年法律第187号）による一般旅客定期航路事業（日本の国籍を有する者及び日本の法令により設立された法人その他の団体以外の者が営む同法による対外旅客定期航路事業を除く。以下同じ。）を営む者
　六　航空法（昭和27年法律第231号）による本邦航空運送事業者（旅客の運送を行うものに

限る。)
　七　前各号に掲げる者以外の者で次項第1号、第4号又は第5号の旅客施設を設置し、又は管理するもの
4　この法律において「旅客施設」とは、次に掲げる施設であって、公共交通機関を利用する旅客の乗降、待合いその他の用に供するものをいう。
　一　鉄道事業法による鉄道施設
　二　軌道法による軌道施設
　三　自動車ターミナル法によるバスターミナル
　四　海上運送法による輸送施設（船舶を除き、同法による一般旅客定期航路事業の用に供するものに限る。)
　五　航空旅客ターミナル施設
5　この法律において「特定旅客施設」とは、旅客施設のうち、利用者が相当数であること又は相当数であると見込まれることその他の政令で定める要件に該当するものをいう。
6　この法律において「車両等」とは、公共交通事業者等が旅客の運送を行うためその事業の用に供する車両、自動車、船舶及び航空機をいう。
7　この法律において「重点整備地区」とは、特定旅客施設を中心として設定される次に掲げる要件に該当する地区をいう。
　一　特定旅客施設との間の移動が通常徒歩で行われ、かつ、高齢者、身体障害者等が日常生活又は社会生活において利用すると認められる官公庁施設、福祉施設その他の施設の所在地を含む地区であること。
　二　特定旅客施設、当該特定旅客施設と前号の施設との間の経路（以下「特定経路」という。）を構成する道路、駅前広場、通路その他の施設（以下「一般交通用施設」という。）及び当該特定旅客施設又は一般交通用施設と一体として利用される駐車場、公園その他の公共の用に供する施設（以下「公共用施設」という。）について移動円滑化のための事業が実施されることが特に必要であると認められる地区であること。
　三　当該地区において移動円滑化のための事業を重点的かつ一体的に実施することが、総合的な都市機能の増進を図る上で有効かつ適切であると認められる地区であること。
8　この法律において「特定事業」とは、公共交通特定事業、道路特定事業及び交通安全特定事業をいう。
9　この法律において「公共交通特定事業」とは、次に掲げる事業をいう。
　一　特定旅客施設内においてエレベーター、エスカレーターその他の移動円滑化のために必要な設備を整備する事業
　二　前号の事業に伴い特定旅客施設の構造を変更する事業
　三　公共交通事業者等が特定旅客施設を利用する旅客の運送を行うために使用する自動車（以下「特定車両」という。）を床面の低いものとすることその他の特定車両に関する移動円滑化のために必要な事業
10　この法律において「道路管理者」とは、道路法（昭和27年法律第180号）第18条第1項に規定する道路管理者をいう。
11　この法律において「道路特定事業」とは、次に掲げる道路法による道路の新設又は改築に関する事業（これと併せて実施する必要がある移動円滑化のための施設又は設備の整備に関する事業を含む。）をいう。

一　歩道、道路用エレベーター、通行経路の案内標識その他の移動円滑化のために必要な施設又は工作物の設置に関する事業
　　二　歩道の拡幅又は路面の構造の改善その他の移動円滑化のために必要な道路の構造の改良に関する事業
12　この法律において「交通安全特定事業」とは、次に掲げる事業をいう。
　　一　高齢者、身体障害者等による道路の横断の安全を確保するための機能を付加した信号機、道路交通法（昭和35年法律第105号）第9条の歩行者用道路であることを表示する道路標識、横断歩道であることを表示する道路標示その他の移動円滑化のために必要な信号機、道路標識又は道路標示（以下「信号機等」という。）の同法第4条第1項の規定による設置に関する事業
　　二　違法駐車行為（道路交通法第51条の2第1項の違法駐車行為をいう。以下この号において同じ。）に係る自転車その他の車両の取締りの強化、違法駐車行為の防止についての広報活動及び啓発活動その他の移動円滑化のために必要な特定経路を構成する道路における違法駐車行為の防止のための事業

　　（基本方針）
第3条　主務大臣は、移動円滑化を総合的かつ計画的に推進するため、移動円滑化の促進に関する基本方針（以下「基本方針」という。）を定めるものとする。
2　基本方針には、次に掲げる事項について定めるものとする。
　　一　移動円滑化の意義及び目標に関する事項
　　二　移動円滑化のために公共交通事業者等が講ずべき措置に関する基本的な事項
　　三　第6条第1項の基本構想の指針となるべき次に掲げる事項
　　　　イ　重点整備地区における移動円滑化の意義に関する事項
　　　　ロ　重点整備地区の位置及び区域に関する基本的な事項
　　　　ハ　特定旅客施設、特定車両、特定経路を構成する一般交通用施設及び当該特定旅客施設又は一般交通用施設と一体として利用される公共用施設について移動円滑化のために実施すべき特定事業その他の事業に関する基本的な事項
　　　　ニ　ハに規定する事業と併せて実施する土地区画整理事業（土地区画整理法（昭和29年法律第119号）による土地区画整理事業をいう。以下同じ。）、市街地再開発事業（都市再開発法（昭和44年法律第38号）による市街地再開発事業をいう。以下同じ。）その他の市街地開発事業（都市計画法（昭和43年法律第100号）第4条第7項に規定する市街地開発事業をいう。以下同じ。）に関し移動円滑化のために考慮すべき基本的な事項その他必要な事項
　　四　移動円滑化の促進のための施策に関する基本的な事項その他移動円滑化の促進に関する事項
3　主務大臣は、情勢の推移により必要が生じたときは、基本方針を変更するものとする。
4　主務大臣は、基本方針を定め、又はこれを変更したときは、遅滞なく、これを公表しなければならない。

　　第2章　移動円滑化のために公共交通事業者等が講ずべき措置
　　（基準適合義務等）
第4条　公共交通事業者等は、旅客施設を新たに建設し、若しくは旅客施設について主務省令で定める大規模な改良を行うとき又は車両等を新たにその事業の用に供するときは、当該旅

客施設又は車両等(以下「新設旅客施設等」という。)を、移動円滑化のために必要な構造及び設備に関する主務省令で定める基準(以下「移動円滑化基準」という。)に適合させなければならない。
2　公共交通事業者等は、新設旅客施設等を移動円滑化基準に適合するように維持しなければならない。
3　公共交通事業者等は、その事業の用に供する旅客施設及び車両等(新設旅客施設等を除く。)を移動円滑化基準に適合させるために必要な措置を講ずるよう努めなければならない。
4　公共交通事業者等は、高齢者、身体障害者等に対し、これらの者が公共交通機関を利用して移動するために必要となる情報を適切に提供するよう努めなければならない。
5　公共交通事業者等は、その職員に対し、移動円滑化を図るために必要な教育訓練を行うよう努めなければならない。
　(基準適合性審査等)
第5条　主務大臣は、新設旅客施設等について鉄道事業法その他の法令の規定で政令で定めるものによる許可、認可その他の処分の申請があった場合には、当該処分に係る法令に定める基準のほか、移動円滑化基準に適合するかどうかを審査しなければならない。
2　公共交通事業者等は、前項の申請又は鉄道事業法その他の法令の規定で政令で定めるものによる届出をしなければならない場合を除くほか、旅客施設の建設又は前条第1項の主務省令で定める大規模な改良を行おうとするときは、あらかじめ、主務省令で定めるところにより、その旨を主務大臣に届け出なければならない。その届け出た事項を変更しようとするときも、同様とする。
3　主務大臣は、新設旅客施設等のうち車両等(第1項の規定により審査を行うものを除く。)若しくは前項の政令で定める規定若しくは同項の規定による届出に係る旅客施設について前条第1項の規定に違反している事実があり、又は新設旅客施設等について同条第2項の規定に違反している事実があると認める場合には、公共交通事業者等に対し、当該旅客施設又は車両等を移動円滑化基準に適合させるために必要な措置をとるべき旨の命令をすることができる。ただし、鉄道事業法その他の法律の規定で政令で定めるものによる事業改善の命令がある場合にあっては、当該命令によるものとする。
　　第3章　重点整備地区における移動円滑化に係る事業の重点的かつ一体的な推進
　(移動円滑化基本構想)
第6条　市町村は、基本方針に基づき、単独で又は共同して、当該市町村の区域内の重点整備地区について、移動円滑化に係る事業の重点的かつ一体的な推進に関する基本的な構想(以下「基本構想」という。)を作成することができる。
2　基本構想には、次に掲げる事項について定めるものとする。
　一　重点整備地区における移動円滑化に関する基本的な方針
　二　重点整備地区の位置及び区域
　三　特定旅客施設、特定車両、特定経路を構成する一般交通用施設及び当該特定旅客施設又は一般交通用施設と一体として利用される公共用施設について移動円滑化のために実施すべき特定事業その他の事業に関する事項
　四　前号に規定する事業と併せて実施する土地区画整理事業、市街地再開発事業その他の市街地開発事業に関し移動円滑化のために考慮すべき事項その他必要な事項
3　基本構想は、都市計画及び都市計画法第18条の2の市町村の都市計画に関する基本的な方

針との調和が保たれ、かつ、地方自治法（昭和22年法律第67号）第2条第4項の基本構想に即したものでなければならない。
4　市町村は、基本構想を作成しようとするときは、これに定めようとする特定事業に関する事項について、関係する公共交通事業者等、道路管理者及び都道府県公安委員会（以下「公安委員会」という。）と協議しなければならない。
5　市町村は、基本構想を作成するに当たり、あらかじめ、関係する公共交通事業者等、道路管理者及び公安委員会に対し、特定事業に関する事項について基本構想の案を作成し、当該市町村に提出するよう求めることができる。
6　前項の案の提出を受けた市町村は、基本構想を作成するに当たっては、当該案の内容が十分に反映されるよう努めるものとする。
7　前2項に規定するもののほか、関係する公共交通事業者等、道路管理者その他の一般交通用施設及び公共用施設の管理者並びに公安委員会は、市町村による基本構想の作成に協力するよう努めなければならない。
8　市町村は、基本構想を作成したときは、遅滞なく、これを公表するとともに、主務大臣、都道府県並びに関係する公共交通事業者等、道路管理者その他の一般交通用施設及び公共用施設の管理者並びに公安委員会に、基本構想の写しを送付しなければならない。
9　主務大臣及び都道府県は、前項の規定により基本構想の写しの送付を受けたときは、市町村に対し、必要な助言をすることができる。
10　第4項から前項までの規定は、基本構想の変更について準用する。
　（公共交通特定事業の実施）
第7条　前条第1項の規定により基本構想が作成されたときは、関係する公共交通事業者等は、単独で又は共同して、当該基本構想に即して公共交通特定事業を実施するための計画（以下「公共交通特定事業計画」という。）を作成し、これに基づき、当該公共交通特定事業を実施するものとする。
2　公共交通特定事業計画には、次に掲げる事項について定めるものとする。
　一　公共交通特定事業の対象となる特定旅客施設又は特定車両
　二　公共交通特定事業の内容
　三　公共交通特定事業の実施予定期間並びにその実施に必要な資金の額及びその調達方法
3　公共交通事業者等は、公共交通特定事業計画を定めようとするときは、あらかじめ、関係する市町村及び道路管理者の意見を聴かなければならない。
4　公共交通事業者等は、公共交通特定事業計画を定めたときは、遅滞なく、これを関係する市町村及び道路管理者に送付しなければならない。
5　前2項の規定は、公共交通特定事業計画の変更について準用する。
　（公共交通特定事業計画の認定）
第8条　公共交通事業者等は、主務省令で定めるところにより、主務大臣に対し、公共交通特定事業計画が重点整備地区における移動円滑化を適切かつ確実に推進するために適当なものである旨の認定を申請することができる。
2　主務大臣は、前項の規定による認定の申請があった場合において、前条第2項第2号に掲げる事項が基本方針及び移動円滑化基準に照らして適切なものであり、かつ、同項第2号及び第3号に掲げる事項が当該公共交通特定事業を確実に遂行するために技術上及び資金上適切なものであると認めるときは、その認定をするものとする。

3　前項の認定を受けた者は、当該認定に係る公共交通特定事業計画を変更しようとするときは、主務大臣の認定を受けなければならない。
4　第2項の規定は、前項の認定について準用する。
5　主務大臣は、第2項の認定を受けた者が当該認定に係る公共交通特定事業計画（第3項の規定による変更の認定があったときは、その変更後のもの）に従って公共交通特定事業を実施していないと認めるときは、その認定を取り消すことができる。

（公共交通特定事業の実施に係る命令等）
第9条　市町村は、第7条第1項の規定による公共交通特定事業が実施されていないと認めるときは、公共交通事業者等に対し、その実施を要請することができる。
2　市町村は、前項の規定による要請を受けた公共交通事業者等が当該要請に応じないときは、その旨を主務大臣に通知することができる。
3　主務大臣は、前項の規定による通知があった場合において、公共交通事業者等が正当な理由がなくて第1項の公共交通特定事業を実施していないと認めるときは、当該公共交通事業者等に対し、当該公共交通特定事業を実施すべきことを勧告することができる。
4　主務大臣は、前項の規定による勧告を受けた公共交通事業者等が正当な理由がなくてその勧告に係る措置を講じない場合において、当該公共交通事業者等の事業について高齢者、身体障害者等の利便その他公共の利益を阻害している事実があると認めるときは、第5条第3項の規定により命令をすることができる場合を除くほか、当該公共交通事業者等に対し、移動円滑化のために必要な措置を講ずべき旨の命令をすることができる。ただし、鉄道事業法その他の法律の規定で政令で定めるものによる事業改善の命令がある場合にあっては、当該命令によるものとする。

（道路特定事業の実施）
第10条　第6条第1項の規定により基本構想が作成されたときは、関係する道路管理者は、単独で又は共同して、当該基本構想に即して道路特定事業を実施するための計画（以下「道路特定事業計画」という。）を作成し、これに基づき、当該道路特定事業を実施するものとする。
2　前項の規定による道路特定事業は、当該道路が、重点整備地区における移動円滑化のために必要な道路の構造に関する主務省令で定める基準に適合するよう実施されなければならない。
3　道路特定事業計画においては、基本構想において定められた道路特定事業について定めるほか、当該重点整備地区内の道路において実施するその他の道路特定事業について定めることができる。
4　道路特定事業計画においては、実施しようとする道路特定事業について次に掲げる事項を定めるものとする。
　一　道路特定事業を実施する道路の区間
　二　前号の道路の区間ごとに実施すべき道路特定事業の内容及び実施予定期間
　三　その他道路特定事業の実施に際し配慮すべき重要事項
5　道路管理者は、道路特定事業計画を定めようとするときは、あらかじめ、関係する市町村、公共交通事業者等及び公安委員会の意見を聴かなければならない。
6　道路管理者は、道路特定事業計画において、道路法第20条第1項に規定する他の工作物について実施し、又は同法第23条第1項の規定に基づき実施する道路特定事業について定める

ときは、あらかじめ、当該道路特定事業を実施する工作物又は施設の管理者と協議しなければならない。この場合において、当該道路特定事業の費用の負担を当該工作物又は施設の管理者に求めるときは、当該道路特定事業計画に当該道路特定事業の実施に要する費用の概算及び道路管理者と当該工作物又は施設の管理者との分担割合を定めるものとする。
7 道路管理者は、道路特定事業計画を定めたときは、遅滞なく、これを公表するとともに、関係する市町村、公共交通事業者等及び公安委員会並びに前項に規定する工作物又は施設の管理者に送付しなければならない。
8 前3項の規定は、道路特定事業計画の変更について準用する。
（交通安全特定事業の実施）
第11条 第6条第1項の規定により基本構想が作成されたときは、関係する公安委員会は、単独で又は共同して、当該基本構想に即して交通安全特定事業を実施するための計画（以下「交通安全特定事業計画」という。）を作成し、これに基づき、当該交通安全特定事業を実施するものとする。
2 前項の規定による交通安全特定事業（第2条第12項第1号に掲げる事業に限る。）は、当該信号機等が、重点整備地区における移動円滑化のために必要な信号機等に関する主務省令で定める基準に適合するよう実施されなければならない。
3 交通安全特定事業計画においては、実施しようとする交通安全特定事業について次に掲げる事項を定めるものとする。
　一 交通安全特定事業を実施する道路の区間
　二 前号の道路の区間ごとに実施すべき交通安全特定事業の内容及び実施予定期間
　三 その他交通安全特定事業の実施に際し配慮すべき重要事項
4 公安委員会は、交通安全特定事業計画を定めようとするときは、あらかじめ、関係する市町村及び道路管理者の意見を聴かなければならない。
5 公安委員会は、交通安全特定事業計画を定めたときは、遅滞なく、これを公表するとともに、関係する市町村及び道路管理者に送付しなければならない。
6 前2項の規定は、交通安全特定事業計画の変更について準用する。
（一般交通用施設又は公共用施設の整備等）
第12条 国及び地方公共団体は、基本構想において定められた一般交通用施設又は公共用施設の整備、土地区画整理事業、市街地再開発事業その他の市街地開発事業の施行その他の必要な措置を講ずるよう努めなければならない。
2 基本構想において定められた一般交通用施設又は公共用施設の管理者（国又は地方公共団体を除く。）は、当該基本構想の達成に資するため、その管理する施設について移動円滑化のための事業の実施に努めなければならない。
（土地区画整理事業の換地計画において定める保留地の特例）
第13条 基本構想において定められた土地区画整理事業であって土地区画整理法第3条第3項又は第3条の2から第3条の4までの規定により施行するものの換地計画（基本構想において定められた重点整備地区の区域内の宅地について定められたものに限る。）においては、特定旅客施設、一般交通用施設又は公共用施設で国、地方公共団体、公共交通事業者等その他政令で定める者が設置するもの（同法第2条第5項に規定する公共施設を除き、基本構想において第6条第2項第4号に掲げる事項として土地区画整理事業の実施に関しその整備を考慮すべきものと定められたものに限る。）の用に供するため、一定の土地を換地として定

めないで、その土地を保留地として定めることができる。この場合においては、当該保留地の地積について、当該土地区画整理事業を施行する土地の区域内の宅地について所有権、地上権、永小作権、賃借権その他の宅地を使用し、又は収益することができる権利を有するすべての者の同意を得なければならない。

2 　土地区画整理法第104条第11項及び第108条第1項の規定は、前項の規定により換地計画において定められた保留地について準用する。この場合において、同法第108条第1項中「第3条第3項若しくは第4項」とあるのは「第3条第3項」と、「第104条第11項」とあるのは「高齢者、身体障害者等の公共交通機関を利用した移動の円滑化の促進に関する法律第13条第2項において準用する第104条第11項」と読み替えるものとする。

3 　施行者は、第1項の規定により換地計画において定められた保留地を処分したときは、土地区画整理法第103条第4項の規定による公告があった日における従前の宅地について所有権、地上権、永小作権、賃借権その他の宅地を使用し、又は収益することができる権利を有する者に対して、政令で定める基準に従い、当該保留地の対価に相当する金額を交付しなければならない。同法第109条第2項の規定は、この場合について準用する。

4 　土地区画整理法第85条第5項の規定は、この条の規定による処分及び決定について準用する。

5 　第1項に規定する土地区画整理事業に関する土地区画整理法第123条、第126条、第127条の2及び第129条の規定の適用については、同項から第3項までの規定は、同法の規定とみなす。

（地方債の特例等）

第14条　地方公共団体が、第8条第2項又は第3項の規定により認定を受けた公共交通特定事業計画に基づく公共交通特定事業に関する助成を行おうとする場合においては、当該助成に要する経費であって地方財政法（昭和23年法律第109号）第5条各号に規定する経費に該当しないものは、同条第5号に規定する経費とみなす。

2 　地方公共団体が、基本構想を達成するために行う事業に要する経費に充てるために起こす地方債については、法令の範囲内において、資金事情及び当該地方公共団体の財政事情が許す限り、特別の配慮をするものとする。

第4章　指定法人

（指定）

第15条　主務大臣は、旅客施設及び車両等に係る移動円滑化を促進することを目的として設立された民法（明治29年法律第89号）第34条の法人であって、次条に規定する事業を適正かつ確実に行うことができると認められるものを、その申請により、同条に規定する事業を行う者として指定することができる。

2 　主務大臣は、前項の規定による指定をしたときは、当該指定を受けた者（以下「指定法人」という。）の名称、住所及び事務所の所在地を公示しなければならない。

3 　指定法人は、その名称、住所又は事務所の所在地を変更しようとするときは、あらかじめ、その旨を主務大臣に届け出なければならない。

4 　主務大臣は、前項の規定による届出があったときは、当該届出に係る事項を公示しなければならない。

（事業）

第16条　指定法人は、次に掲げる事業を行うものとする。

一　公共交通事業者等による移動円滑化のための事業の実施に関する情報を収集し、整理し、及び提供すること。
二　公共交通事業者等に対して、移動円滑化のための事業の実施に関し必要な助言、指導、資金の支給その他の援助を行うこと。
三　公共交通事業者等による移動円滑化のための事業に関する調査及び研究を行うこと。
四　前3号に掲げるもののほか、公共交通事業者等による移動円滑化のための事業を促進するために必要な業務を行うこと。
（公共交通事業者等の指定法人に対する通知）

第17条　公共交通事業者等は、指定法人の求めがあった場合には、主務省令で定めるところにより、移動円滑化のための事業の実施状況を当該指定法人に通知しなければならない。
（改善命令）

第18条　主務大臣は、指定法人の第16条に規定する事業の運営に関し改善が必要であると認めるときは、指定法人に対し、その改善に必要な措置をとるべきことを命ずることができる。
（指定の取消し等）

第19条　主務大臣は、指定法人が前条の規定による命令に違反したときは、その指定を取り消すことができる。

2　主務大臣は、前項の規定により指定を取り消したときは、その旨を公示しなければならない。

第5章　雑則

（国、地方公共団体及び国民の責務）

第20条　国は、移動円滑化を促進するために必要な資金の確保その他の措置を講ずるよう努めなければならない。

2　国は、移動円滑化に関する研究開発の推進及びその成果の普及に努めなければならない。

3　国は、広報活動等を通じて、移動円滑化の促進に関する国民の理解を深めるよう努めなければならない。

4　地方公共団体は、国の施策に準じて、移動円滑化を促進するために必要な措置を講ずるよう努めなければならない。

5　国民は、高齢者、身体障害者等の公共交通機関を利用した円滑な移動を確保するために協力するよう努めなければならない。

（運輸施設整備事業団の業務の特例）

第21条　運輸施設整備事業団（以下「事業団」という。）は、運輸施設整備事業団法（平成9年法律第83号。以下「事業団法」という。）第20条第1項から第3項までに規定する業務のほか、この法律の目的を達成するため、次の業務を行うことができる。
一　移動円滑化のための事業であって主務省令で定めるものを実施する公共交通事業者等に対し、当該事業に要する費用に充てる資金の一部について、予算で定める国の補助金の交付を受け、これを財源として、補助金を交付すること。
二　前号の業務に附帯する業務を行うこと。

2　前項の規定により事業団の業務が行われる場合には、事業団法第13条第3号中「若しくは同条」とあるのは「、同条」と、同号中「その他の者」とあるのは「その他の者若しくは高齢者、身体障害者等の公共交通機関を利用した移動の円滑化の促進に関する法律（以下「高齢者等移動円滑化法」という。）第2条第3項に規定する公共交通事業者等」と、事業団法

第28条第1号中「並びに同条第2項の業務」とあるのは「、同条第2項の業務並びに高齢者等移動円滑化法第21条第1項の業務」と、事業団法第36条第2項中「及び第20条第2項第1号から第4号まで」とあるのは「並びに第20条第2項第1号から第4号まで及び高齢者等移動円滑化法第21条第1項第1号」と、事業団法第38条第2項及び第39条第1項中「この法律」とあるのは「この法律又は高齢者等移動円滑化法」と、事業団法第45条第3号中「第20条第1項から第3項まで」とあるのは「第20条第1項から第3項まで又は高齢者等移動円滑化法第21条第1項」とする。

3　主務大臣は、第1項第1号の主務省令を定めようとするときは、あらかじめ、財務大臣と協議しなければならない。

（報告及び立入検査）

第22条　主務大臣は、この法律の施行に必要な限度において、主務省令で定めるところにより、公共交通事業者等に対し、移動円滑化のための事業に関し報告をさせ、又はその職員に、公共交通事業者等の事務所その他の事業場若しくは車両等に立ち入り、旅客施設、車両等若しくは帳簿、書類その他の物件を検査させ、若しくは関係者に質問させることができる。

2　主務大臣は、この法律の施行に必要な限度において、指定法人に対し、その事業に関し報告をさせ、又はその職員に、指定法人の事務所に立ち入り、業務の状況若しくは帳簿、書類その他の物件を検査させ、若しくは関係者に質問させることができる。

3　前2項の規定により立入検査をする職員は、その身分を示す証明書を携帯し、関係者の請求があったときは、これを提示しなければならない。

4　第1項及び第2項の規定による立入検査の権限は、犯罪捜査のために認められたものと解してはならない。

（主務大臣）

第23条　第3条第1項、第3項及び第4項における主務大臣は、同条第2項第2号に掲げる事項については国土交通大臣とし、その他の事項については国土交通大臣、国家公安委員会及び総務大臣とする。

2　第5条、第8条第1項から第3項まで及び第5項、第9条第2項から第4項まで、第15条、第18条、第19条、第21条第3項並びに前条第1項及び第2項における主務大臣は国土交通大臣とし、第6条第8項及び第9項（これらの規定を同条第10項において準用する場合を含む。）における主務大臣は国土交通大臣、国家公安委員会及び総務大臣とする。

3　この法律における主務省令は、国土交通省令とする。ただし、第11条第2項における主務省令は、国家公安委員会規則とする。

4　この法律による権限は、国土交通省令で定めるところにより、地方支分部局の長に委任することができる。

（経過措置）

第24条　この法律に基づき命令を制定し、又は改廃する場合においては、その命令で、その制定又は改廃に伴い合理的に必要と判断される範囲内において、所要の経過措置（罰則に対する経過措置を含む。）を定めることができる。

第6章　罰則

第25条　次の各号のいずれかに該当する者は、100万円以下の罰金に処する。

一　第5条第2項の規定に違反して届出をせず、又は虚偽の届出をした者
二　第5条第3項又は第9条第4項の規定による命令に違反した者

三　第22条第1項の規定による報告をせず、若しくは虚偽の報告をし、又は同項の規定による検査を拒み、妨げ、若しくは忌避し、若しくは質問に対して陳述をせず、若しくは虚偽の陳述をした者

第26条　第22条第2項の規定による報告をせず、若しくは虚偽の報告をし、又は同項の規定による検査を拒み、妨げ、若しくは忌避し、若しくは質問に対して陳述をせず、若しくは虚偽の陳述をしたときは、その違反行為をした指定法人の役員又は職員は、30万円以下の罰金に処する。

第27条　法人の代表者又は法人若しくは人の代理人、使用人その他の従業者が、その法人又は人の業務に関し、第25条の違反行為をしたときは、行為者を罰するほか、その法人又は人に対して同条の刑を科する。

第28条　第17条の規定による通知をせず、又は虚偽の通知をした者は、20万円以下の過料に処する。

　　　附　則
（施行期日）
第1条　この法律は、公布の日から起算して6月を超えない範囲内において政令で定める日から施行する。ただし、第4条第1項から第3項まで、第5条第1項及び第3項、第25条第2号（第5条第3項に係る部分に限る。）並びに第27条の規定中車両等（自動車を除く。）に係る部分は、公布の日から起算して2年を超えない範囲内において政令で定める日から施行する。

（経過措置）
第2条　この法律の施行の際現に建設又は第4条第1項の主務省令で定める大規模な改良の工事中の旅客施設については、同項の規定は、適用しない。

（検討）
第3条　政府は、この法律の施行後5年を経過した場合において、この法律の施行の状況について検討を加え、その結果に基づいて必要な措置を講ずるものとする。

（運輸施設整備事業団法の一部を改正する法律の一部改正）
第4条　運輸施設整備事業団法の一部を改正する法律（平成12年法律第47号）の一部を次のように改正する。

　　第44条の改正規定の次に次のように加える。
　　　附則第10条第2項中「第20条第1項第4号から第10号まで」を「第20条第1項第4号から第16号まで」に改める。
　　附則第10条中外国船舶製造事業者による船舶の不当廉価建造契約の防止に関する法律（平成8年法律第71号）附則第2条の改正規定の次に次のように加える。
　　　附則に次の1条を加える。
　　　（高齢者、身体障害者等の公共交通機関を利用した移動の円滑化の促進に関する法律の一部改正）
　　第3条　高齢者、身体障害者等の公共交通機関を利用した移動の円滑化の促進に関する法律（平成12年法律第68号）の一部を次のように改正する。
　　　　第21条第1項及び第2項中「第20条第1項から第3項まで」を「第20条第1項から第4項まで」に改める。

附則第12条の次に次の１条を加える。
　　（高齢者、身体障害者等の公共交通機関を利用した移動の円滑化の促進に関する法律の一部改正）
　第12条の２　高齢者、身体障害者等の公共交通機関を利用した移動の円滑化の促進に関する法律（平成12年法律第68号）の一部を次のように改正する。
　　　第21条第２項中「第20条第２項第１号から第４号まで」とあるのは「」を「及び第20条第２項第１号から第４号まで」とあるのは「並びに」に改める。
　（中央省庁等改革関係法施行法の一部改正）
第５条　中央省庁等改革関係法施行法（平成11年法律第160号）の一部を次のように改正する。
　　第1227条の次に次の１条を加える。
　　（高齢者、身体障害者等の公共交通機関を利用した移動の円滑化の促進に関する法律の一部改正）
　第1227条の２　高齢者、身体障害者等の公共交通機関を利用した移動の円滑化の促進に関する法律（平成12年法律第68号）の一部を次のように改正する。
　　　第21条第３項中「大蔵大臣」を「財務大臣」に改め、第23条第１項中「運輸大臣及び建設大臣」を「国土交通大臣」に、「運輸大臣、建設大臣、国家公安委員会及び自治大臣」を「国土交通大臣、国家公安委員会及び総務大臣」に改め、同条第２項中「第４項まで」の下に「、第15条、第18条、第19条、第21条第３項」を、「前条第１項」の下に「及び第２項」を加え、「、軌道に関する事項については運輸大臣及び建設大臣とし、その他の事項については運輸大臣」を「国土交通大臣とし、第６条第８項及び第９項（これらの規定を同条第10項において準用する場合を含む。）における主務大臣は国土交通大臣、国家公安委員会及び総務大臣」に改め、同条第三項を次のように改める。
　　３　この法律における主務省令は、国土交通省令とする。ただし、第11条第２項における主務省令は、国家公安委員会規則とする。
　　　第23条第４項から第６項までを削り、同条第７項中「運輸省令又は建設省令」を「国土交通省令」に改め、同項を同条第４項とする。
　（運輸省設置法の一部改正）
第６条　運輸省設置法（昭和24年法律第157号）の一部を次のように改正する。
　　第３条の２第１項第10号の３の次に次の１号を加える。
　　十の四　高齢者、身体障害者等の公共交通機関を利用した移動の円滑化の促進に関する法律（平成12年法律第68号）の施行に関すること。
　　第４条第１項第10号の３の次に次の１号を加える。
　　十の四　高齢者、身体障害者等の公共交通機関を利用した移動の円滑化の促進に関する法律の規定に基づき、基本方針を定め、又は必要な処分をすること。
　（建設省設置法の一部改正）
第７条　建設省設置法（昭和23年法律第113号）の一部を次のように改正する。
　　第３条第11号中「及び中心市街地における市街地の整備改善及び商業等の活性化の一体的推進に関する法律（平成10年法律第92号）」を「、中心市街地における市街地の整備改善及び商業等の活性化の一体的推進に関する法律（平成10年法律第92号）及び高齢者、身体障害者等の公共交通機関を利用した移動の円滑化の促進に関する法律（平成12年法律第68号）」に改める。

（自治省設置法の一部改正）
第8条 自治省設置法（昭和27年法律第261号）の一部を次のように改正する。
　第4条第3号の10の次に次の1号を加える。
　　三の十一　高齢者、身体障害者等の公共交通機関を利用した移動の円滑化の促進に関する法律（平成12年法律第68号）の施行に関する事務を行うこと。
　第5条第3号の8の次に次の1号を加える。
　　三の九　高齢者、身体障害者等の公共交通機関を利用した移動の円滑化の促進に関する法律に基づき、基本方針を定めること。

　　　○中央省庁等改革関係法施行法〔平成11年法律第160号〕
（処分、申請等に関する経過措置）
第1301条 中央省庁等改革関係法及びこの法律（以下「改革関係法等」と総称する。）の施行前に法令の規定により従前の国の機関がした免許、許可、認可、承認、指定その他の処分又は通知その他の行為は、法令に別段の定めがあるもののほか、改革関係法等の施行後は、改革関係法等の施行後の法令の相当規定に基づいて、相当の国の機関がした免許、許可、認可、承認、指定その他の処分又は通知その他の行為とみなす。

2　改革関係法等の施行の際現に法令の規定により従前の国の機関に対してされている申請、届出その他の行為は、法令に別段の定めがあるもののほか、改革関係法等の施行後は、改革関係法等の施行後の法令の相当規定に基づいて、相当の国の機関に対してされた申請、届出その他の行為とみなす。

3　改革関係法等の施行前に法令の規定により従前の国の機関に対し報告、届出、提出その他の手続をしなければならないとされている事項で、改革関係法等の施行の日前にその手続がされていないものについては、法令に別段の定めがあるもののほか、改革関係法等の施行後は、これを、改革関係法等の施行後の法令の相当規定により相当の国の機関に対して報告、届出、提出その他の手続をしなければならないとされた事項についてその手続がされていないものとみなして、改革関係法等の施行後の法令の規定を適用する。

（従前の例による処分等に関する経過措置）
第1302条 なお従前の例によることとする法令の規定により、従前の国の機関がすべき免許、許可、認可、承認、指定その他の処分若しくは通知その他の行為又は従前の国の機関に対してすべき申請、届出その他の行為については、法令に別段の定めがあるもののほか、改革関係法等の施行後は、改革関係法等の施行後の法令の規定に基づくその任務及び所掌事務の区分に応じ、それぞれ、相当の国の機関がすべきものとし、又は相当の国の機関に対してすべきものとする。

（罰則に関する経過措置）
第1303条 改革関係法等の施行前にした行為に対する罰則の適用については、なお従前の例による。

（政令への委任）
第1344条 第71条から第76条まで及び第1301条から前条まで並びに中央省庁等改革関係法に定めるもののほか、改革関係法等の施行に関し必要な経過措置（罰則に関する経過措置を含む。）は、政令で定める。

　　　附　則〔平成11年12月22日法律第160号抄〕

（施行期日）
第1条　この法律（第2条及び第3条を除く。）は、平成13年1月6日から施行する。ただし、次の各号に掲げる規定は、当該各号に定める日から施行する。
　一　第995条（核原料物質、核燃料物質及び原子炉の規制に関する法律の一部を改正する法律附則の改正規定に係る部分に限る。）、第1305条、第1306条、第1324条第2項、第1326条第2項及び第1344条の規定　公布の日
　　　附　則〔平成12年4月26日法律第47号抄〕
　（施行期日）
第1条　この法律は、平成13年3月1日から施行する。

〔次の法律は、未施行〕
○外国船舶製造事業者による船舶の不当廉価建造契約の防止に関する法律（抄）

$$\left[\begin{array}{l}\text{平成 8 年 6 月12日}\\ \text{法　律　第 71 号}\end{array}\right]$$

改正　平成12年4月26日法律第47号
　　　（同　　12年5月17日同　第68号）

　　　附　則〔平成8年6月12日法律第71号抄〕
　（施行期日）
第1条　この法律は、協定が日本国について効力を生ずる日から施行する。
　（高齢者、身体障害者等の公共交通機関を利用した移動の円滑化の促進に関する法律の一部改正）
第3条　高齢者、身体障害者等の公共交通機関を利用した移動の円滑化の促進に関する法律（平成12年法律第68号）の一部を次のように改正する。
　　第21条第1項及び第2項中「第20条第1項から第3項まで」を「第20条第1項から第4項まで」に改める。
　　　附　則〔平成12年4月26日法律第47号抄〕
　（施行期日）
第1条　この法律は、平成13年3月1日から施行する。
　　　附　則〔平成12年5月17日法律第68号抄〕
　（施行期日）
第1条　この法律は、公布の日から起算して6月を超えない範囲内において政令で定める日から施行する。
　　（平成12年政令第442号で平成12年11月15日から施行）

資料9　アンケートデータの紹介

(1) 外出先での「おむつ替え」や「授乳」に関するインターネット意識調査

- 調 査 期 間：平成12年7月
- 調 査 対 象：6歳以下の子供を持つ女性（モニター数：190名）
- 同　年　代：20代17人、30代164人、40代9人
- 同居住地域：全国
- 調 査 実 施：TOTO

Q1．お子様連れで外出された時、「おむつ替え」や「授乳」で困った経験があるか

Q1	回答	人数	％
お子様連れで外出された時、「おむつ替え」や「授乳」に関して困った経験	困った経験有	151	79
	困った経験無	15	8
	わからない	2	1
	無回答	22	12
	N数	190	100

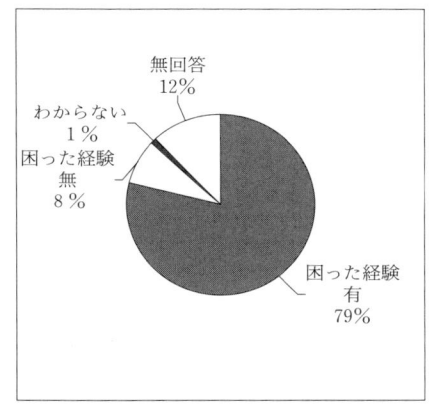

Q2．お子様連れで外出された時、「おむつ替え」や「授乳」で困った場所

順位	困った場所	数値	％
1位	駅	454	19
2位	ファミリーレストラン	331	14
3位	百貨店、スーパーマーケット	275	12
4位	ファーストフード店	209	9
5位	その他の飲食店	197	8
6位	病院などの医療施設	159	7
7位	高速道路のサービスエリア	123	5
8位	その他	109	5
9位	役所など官公庁施設	101	4
10位	劇場・映画館・スポーツ施設	87	4
11位	幼稚園・小学校など教育施設	81	3
12位	美術館・図書館・博物館など文化施設	64	3
	テーマパーク	64	3
14位	体育館・プール・ボーリング場など運動施設	59	2
15位	ホテル・旅館など宿泊施設	33	1
16位	公会堂など集会施設	31	1

(2) 「パウチ・しびん洗浄水栓」に関するオストメイトフィールドテスト

- 調査期間：平成12年12月
- 調査対象：日本オストミー協会会員
- モニター数：32名
- 調査実施：TOTO

Q1-1　ノズルの出る水量

水量	人数	比率(%)
多すぎる	2	6
ちょうどよい	12	39
普通	11	34
足りない	3	9
その他	1	3
無回答	3	9
計	32	100

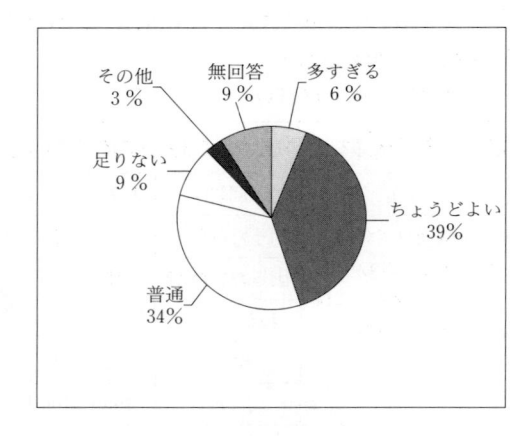

Q1-2　ノズルの出る水の勢い

水の勢い	人数	比率(%)
強すぎる	2	7
やや強すぎる	3	10
ちょうどよい	19	66
やや弱すぎる	5	17
弱すぎる	0	0
その他	0	0
計	29	100

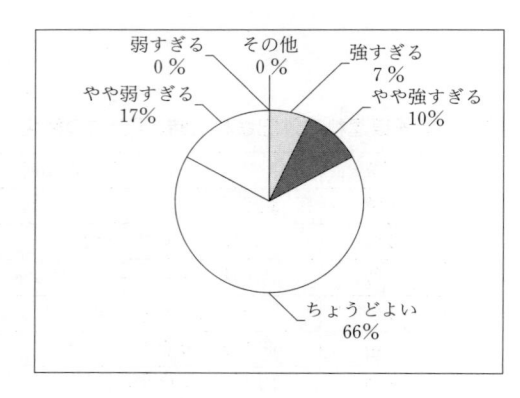

Q1-3　ノズルの角度

ノズルの角度	人数	比率(%)
よい	17	54
悪い	2	6
わからない	7	22
その他	3	9
無回答	3	9
計	32	100

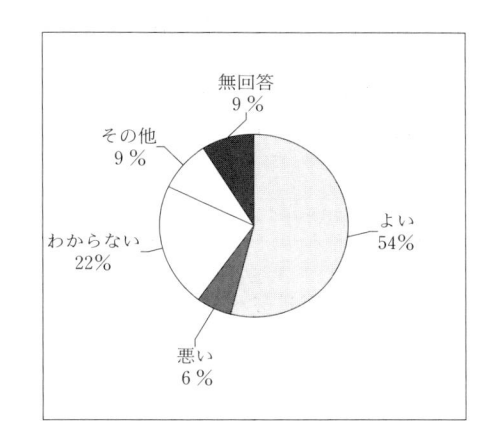

Q1-4　ハンドルの位置

ハンドル位置	人数	比率(%)
支障はない	18	57
支障がある	1	3
わからない	10	31
その他	0	0
無回答	3	9
計	32	100

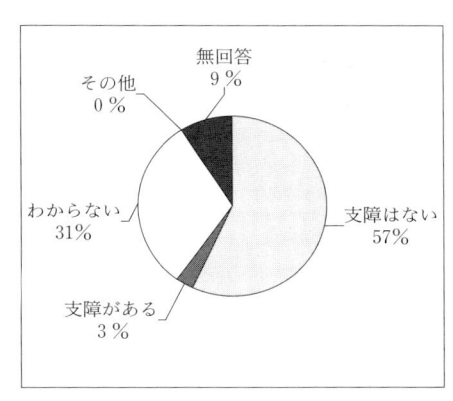

Q2　製品コンセプト

ハンドル位置	人数	比率(%)
大変良い商品	15	47
やや良い商品	8	25
普通	3	9
あまり良い商品と思わない	2	6
全く良い商品と思わない	0	0
無回答	4	13
計	32	100

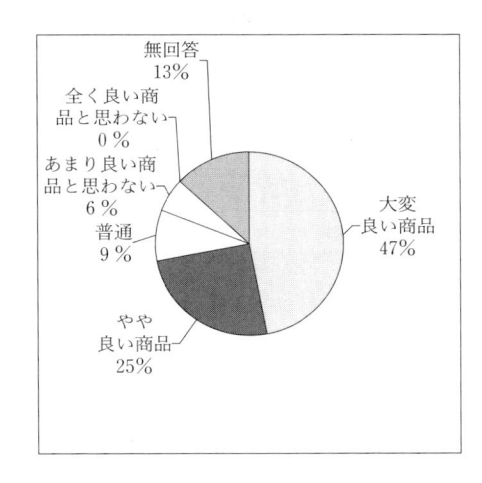

(3) 背もたれモニター調査結果まとめ

・調査期間：平成12年8月17日～平成12年9月14日
・調査実施：TOTO

モニター者分類	
障害者	N数
オストメイト	2
片上下肢障害	5
介助付骨形成不全	1
介助付脳性マヒ	15
両下肢障害	5
脊損・頚損	10
自立脳性マヒ	9
サリドマイド	1
筋ジス	1
視覚障害	4
高齢者	2
知的障害	1
乳幼児連れ	3
計	59

Q1 外出先での排泄場所区分

外出先での排泄場所区分	
障害者	N数
便器で排泄	46
便器以外で排泄	13
計	59

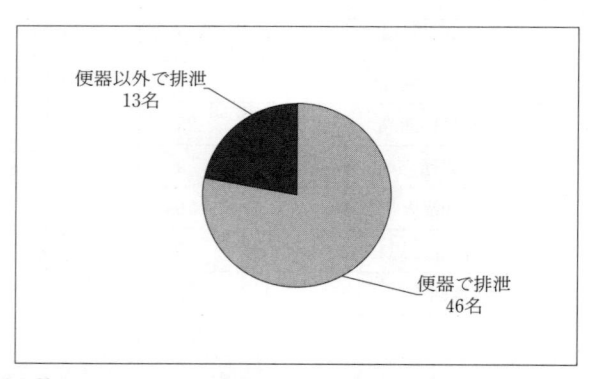

・モニター59名中13名は排泄時に便器を使わないことが判ったので以後の背もたれ評価に関しては対象外とし残り46名にて背もたれの評価を行なう。

Q2　外出先で便器以外で排泄する人

外出先で便器以外で排泄する人	
障害者	N数
介助付脳性マヒ	5
脊損・頚損	5
乳幼児連れ	2
筋ジス	1
計	13

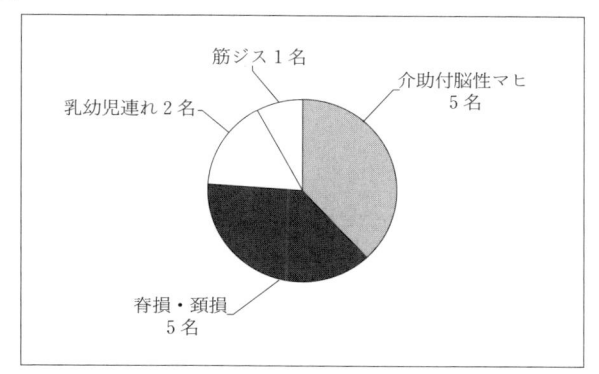

- 外出時の排泄の場合には、便器を使わない人のパーセンテージが高い事が判った。
- 介助付脳性マヒの方や乳幼児連れの場合には"オムツ交換"が基本となる。又、脊損・頚損の方の場合、外出先では排尿が主であり、この排尿は車いす上で補助具やしびんを使って尿を取った上で、便器に処理となる。（特に男性の場合）
- 女性の場合には便器に移乗した上で補助具等による排尿が主となるが、脊損の重度の方や頚損の方の場合には便器移乗自体が困難な方もいる。
- 車いす使用の筋ジスの場合にも介助者同伴によるしびん等への排尿が主である事が判った。

Q3　背もたれの必要性確認

背もたれの必要性確認	
障害者	N数
無くても困らない	28
有った方が良い	15
無くては使えない	3
計	46

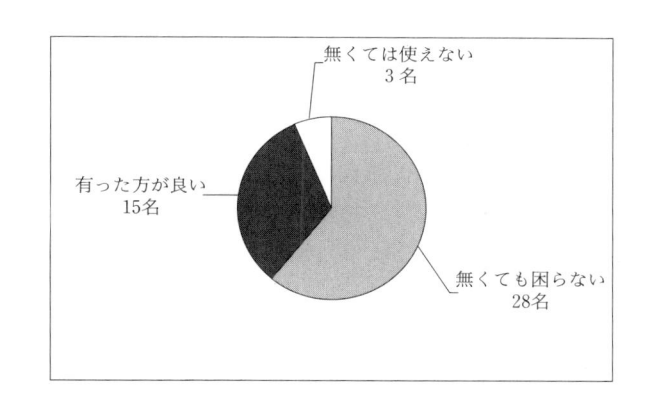

Q4　背もたれが欠かせない人

背もたれが欠かせない人	
障害者	N数
介助付脳性マヒ	1
脊損	2
計	1

- 少数意見であるが、この人達の場合不可欠要素となる。
- 脳性マヒの人は座位保持を介護者に頼っていた部分をサポートするので評価が高い。又、脊損・頚損の場合排泄時間が長いので座位姿勢保持に役立つと共に後処理時に安心して片手を手すりから離せる点が評価が高かった。

Q5　背もたれが有れば使う人

背もたれが有れば使う人	
障害者	N数
片上下肢障害	2
サリドマイド	1
介助付脳性マヒ	4
両下肢障害	2
脊損	2
自立脳性マヒ	3
高齢者	1
計	15

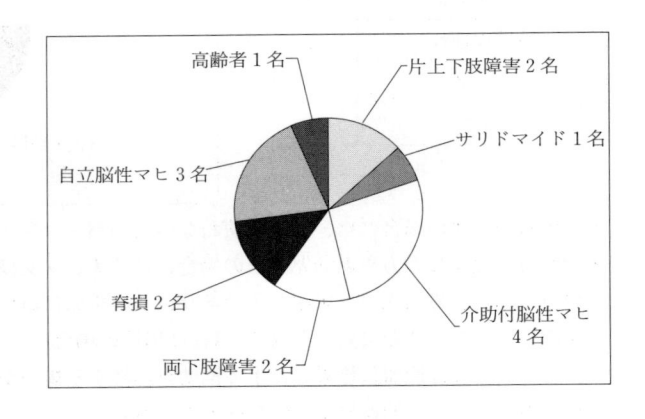

- 検証当時、市場に"背もたれ"の設置例が少なくモニターの方で、はじめて見る方が殆どだった。
- 実際に背もたれを使った感想としては、
    ①座位が安定する
    ②介助者の負荷が軽減される
    ③後始末の時に安心して片手が手すりから離せる
等、障害を問わず評価が高い結果となった。
- 各トイレブースに設置が進めば背もたれの有効性は高いと考えられる。

＝総括＝
59名の検証で"背もたれ"の評価は
① 　ウエイトの違いは有るものの多岐に渡る利用者のメリットになる事が分かった。
② 　背もたれを設置した場合、便器にて排泄動作を行なう人の評価で邪魔になるとの回答はなかった。

資料10

TOTOバリアフリーブック　パブリックトイレ編より

トイレ内での行動と配慮ポイント

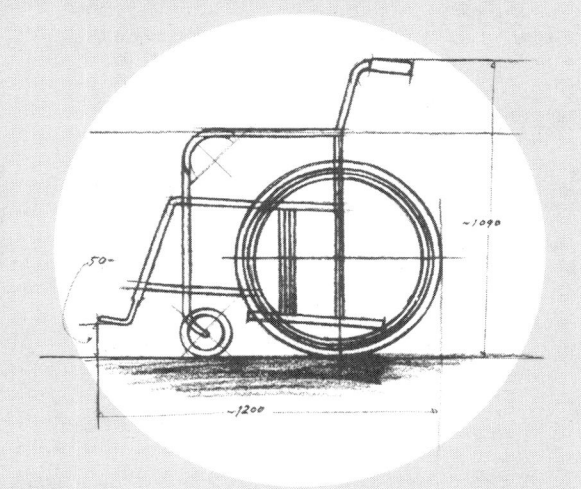

パブリックトイレを利用する高齢者や障害者のトイレ内での行動はどのようなものなのか。
身体状況によって全く異なる行為の具体例を示しながら、
プランづくりに役立つ配慮ポイントをご紹介します。

index

行動の基本フローと配慮ポイント		P206・207
主な10行為の実際と配慮ポイント	①荷物を置く	P208
	②便器への移乗	P208
	③ベッドへの移乗	P209
	④衣服の着脱	P209
	⑤体の保持	P210
	⑥自己導尿（便器での排泄）	P210
	⑦自己導尿（ベット上で容器に排泄）	P211
	⑧後始末	P211
	⑨便器洗浄	P212
	⑩手洗い	P212

資料編

205

行動の基本フローと配慮ポイント

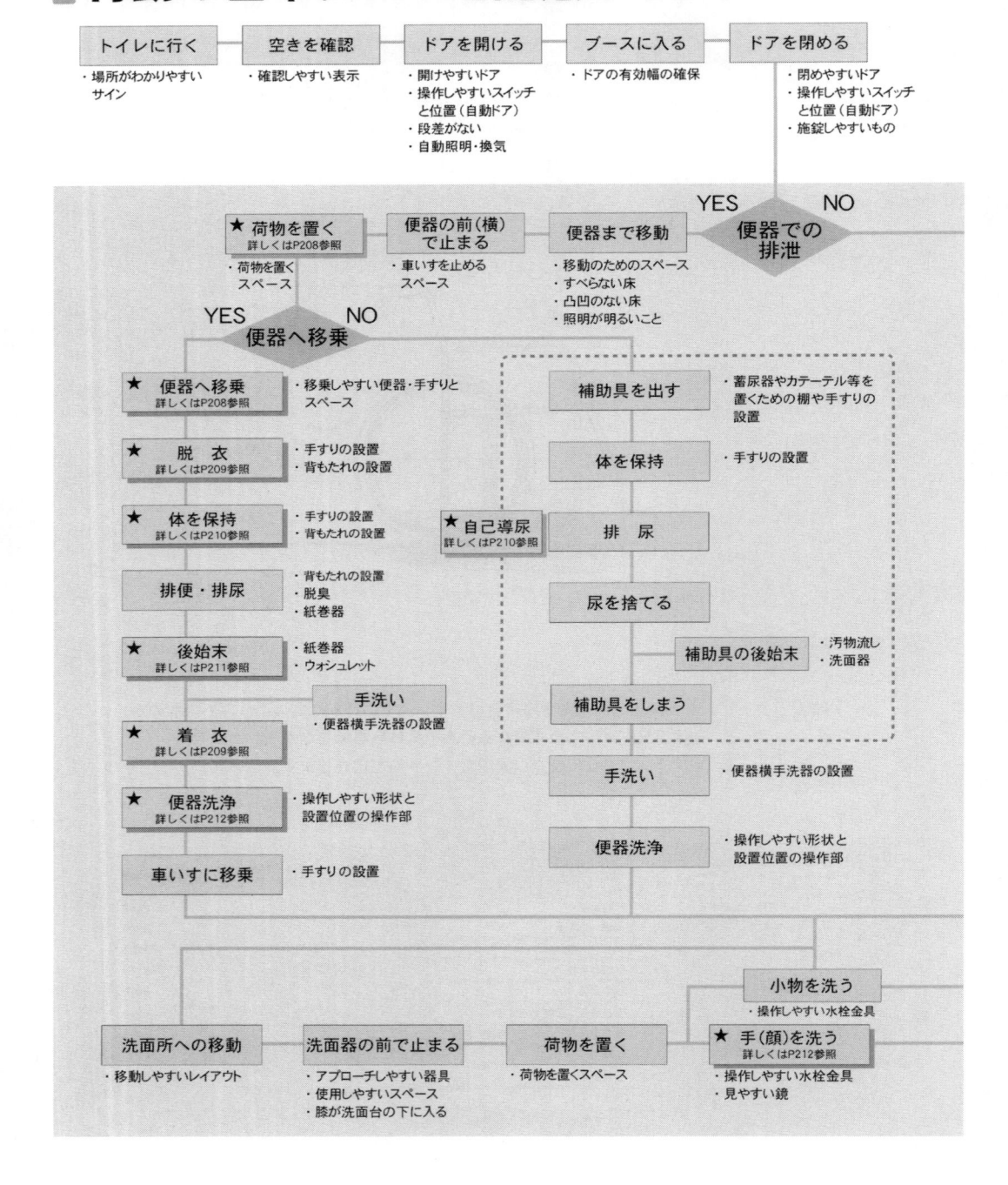

```
[トイレに行く] → [空きを確認] → [ドアを開ける] → [ブースに入る] → [ドアを閉める]
```

- トイレに行く
  ・場所がわかりやすいサイン
- 空きを確認
  ・確認しやすい表示
- ドアを開ける
  ・開けやすいドア
  ・操作しやすいスイッチと位置（自動ドア）
  ・段差がない
  ・自動照明・換気
- ブースに入る
  ・ドアの有効幅の確保
- ドアを閉める
  ・閉めやすいドア
  ・操作しやすいスイッチと位置（自動ドア）
  ・施錠しやすいもの

◇ 便器での排泄 — YES / NO

- ★ 荷物を置く（詳しくはP208参照）
  ・荷物を置くスペース
- 便器の前（横）で止まる
  ・車いすを止めるスペース
- 便器まで移動
  ・移動のためのスペース
  ・すべらない床
  ・凸凹のない床
  ・照明が明るいこと

◇ 便器へ移乗 — YES / NO

【YES側】
- ★ 便器へ移乗（詳しくはP208参照）
  ・移乗しやすい便器・手すりとスペース
- ★ 脱衣（詳しくはP209参照）
  ・手すりの設置
  ・背もたれの設置
- ★ 体を保持（詳しくはP210参照）
  ・手すりの設置
  ・背もたれの設置
- 排便・排尿
  ・背もたれの設置
  ・脱臭
  ・紙巻器
- ★ 後始末（詳しくはP211参照）
  ・紙巻器
  ・ウォシュレット
- 手洗い
  ・便器横手洗器の設置
- ★ 着衣（詳しくはP209参照）
- ★ 便器洗浄（詳しくはP212参照）
  ・操作しやすい形状と設置位置の操作部
- 車いすに移乗
  ・手すりの設置

【NO側／自己導尿（詳しくはP210参照）】
- 補助具を出す
  ・蓄尿器やカテーテル等を置くための棚や手すりの設置
- 体を保持
  ・手すりの設置
- 排尿
- 尿を捨てる
- 補助具の後始末
  ・汚物流し
  ・洗面器
- 補助具をしまう
- 手洗い
  ・便器横手洗器の設置
- 便器洗浄
  ・操作しやすい形状と設置位置の操作部

- 洗面所への移動
  ・移動しやすいレイアウト
- 洗面器の前で止まる
  ・アプローチしやすい器具
  ・使用しやすいスペース
  ・膝が洗面台の下に入る
- 荷物を置く
  ・荷物を置くスペース
- ★ 手（顔）を洗う（詳しくはP212参照）
  ・操作しやすい水栓金具
  ・見やすい鏡
- 小物を洗う
  ・操作しやすい水栓金具

パブリックトイレでの人々の行動は実にさまざまです。ましてや、高齢者や障害者の行動は健常者とは全く違う場合も数多くあります。バリアフリートイレづくりは、まずこの多様な行動を知ることから始まります。
この章では、「多目的トイレ」での行動の基本フローに沿って、高齢者や障害者の行為の実際と配慮ポイントについてご紹介します。

※ここでご紹介している行動の基本フローや行為は、あくまでも代表例のひとつであり、身体状況・性別などにより個人差があります。
※図中★印をつけた行為についてはP208～212で詳しくご紹介しています。

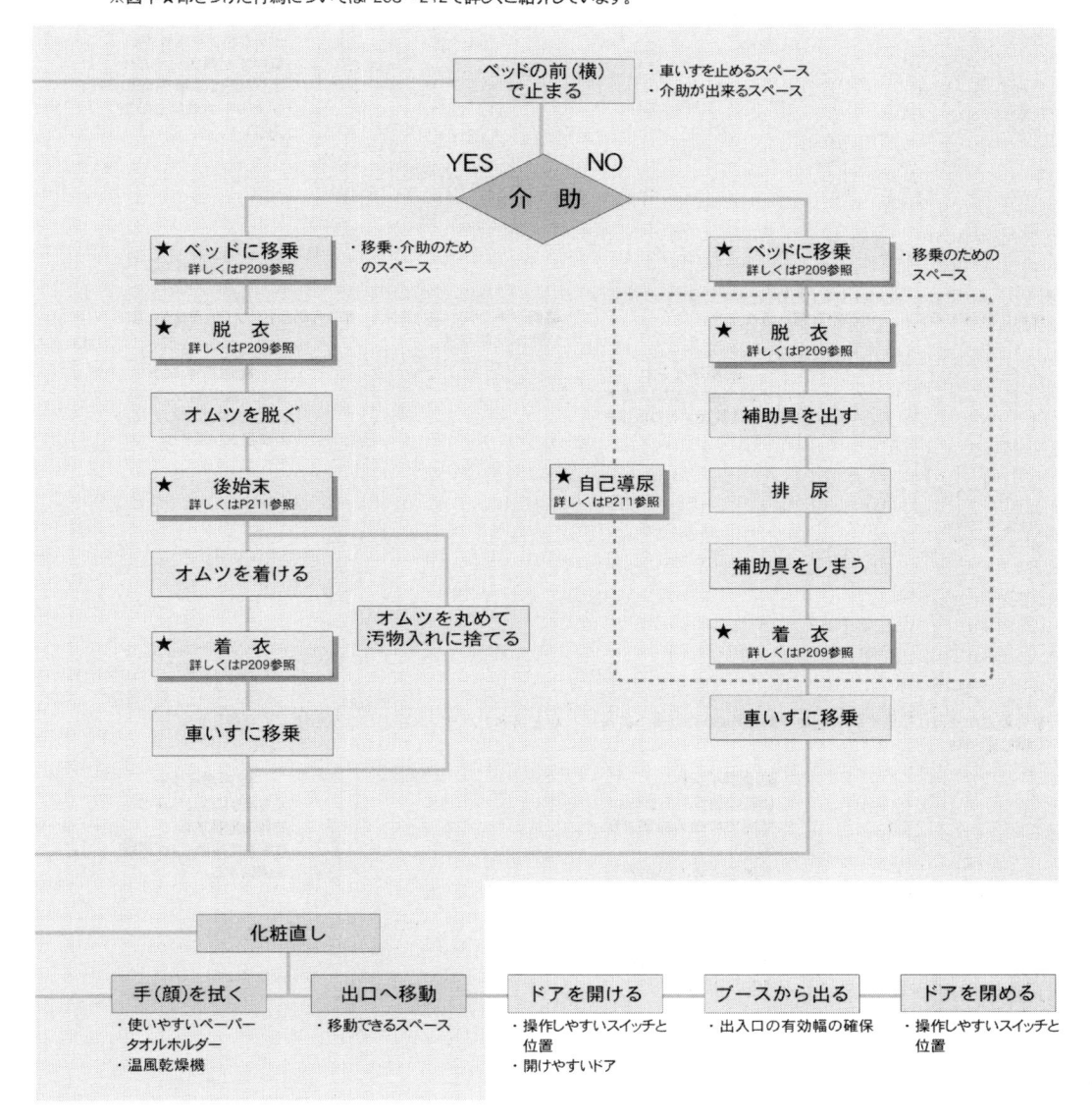

資料編

フロー図

- ベッドの前（横）で止まる
  - ・車いすを止めるスペース
  - ・介助が出来るスペース

介助 YES / NO

YES（介助あり）
- ★ ベッドに移乗（詳しくはP209参照）
  - ・移乗・介助のためのスペース
- ★ 脱衣（詳しくはP209参照）
- オムツを脱ぐ
- ★ 後始末（詳しくはP211参照）
- オムツを着ける
- ★ 着衣（詳しくはP209参照）
  - オムツを丸めて汚物入れに捨てる
- 車いすに移乗

NO（介助なし）
- ★ ベッドに移乗（詳しくはP209参照）
  - ・移乗のためのスペース
- ★ 脱衣（詳しくはP209参照）
- 補助具を出す
- ★ 自己導尿（詳しくはP211参照）
- 排尿
- 補助具をしまう
- ★ 着衣（詳しくはP209参照）
- 車いすに移乗

共通
- 化粧直し
- 手（顔）を拭く
  - ・使いやすいペーパータオルホルダー
  - ・温風乾燥機
- 出口へ移動
  - ・移動できるスペース
- ドアを開ける
  - ・操作しやすいスイッチと位置
  - ・開けやすいドア
- ブースから出る
  - ・出入口の有効幅の確保
- ドアを閉める
  - ・操作しやすいスイッチと位置

主な10行為の実際と配慮ポイント

1.荷物を置く

車いす使用者（自立）
便器に移乗する前に、手荷物を棚に置きます。

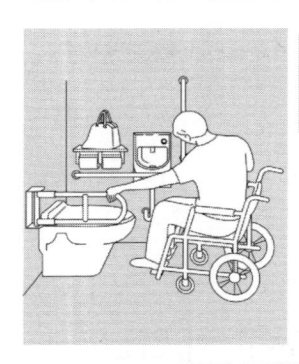

配慮ポイント
・便器の前方または側方に棚を設置するのが望ましい。

杖（松葉杖）使用者
便器に移乗する前に、手荷物を棚に置きます。

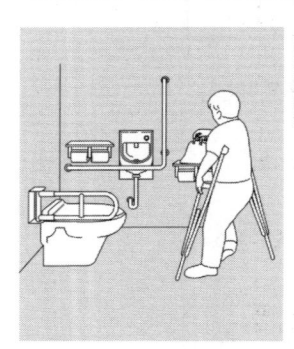

配慮ポイント
・便器の前方または側方に棚を設置するのが望ましい。

車いす使用者（要介助）
被介助者が便器に移乗する前に、被介助者および介助者の荷物を棚に置きます。

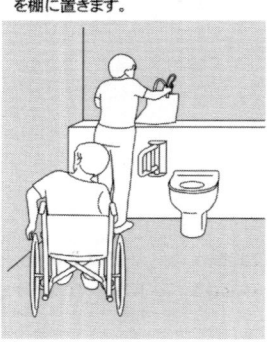

配慮ポイント
・便器の側方か後壁もしくは前方に棚の設置が望ましい。
・大きな荷物の場合が多いため、大きめの棚があればなおよい。
・介助付の場合は、介助者の動線の中に設置するのが望ましい。

2.便器への移乗

車いす使用者（自立）
車いすを便器側方（または、斜め前方、または前方）につけ、車いすと手すりを持って車いすから便座に移乗します。

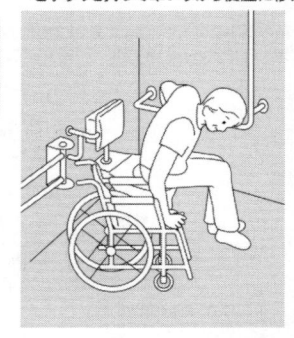

配慮ポイント
・便器の前方と側方に車いすがアプローチできる十分な空間を確保する。
・車いすが接近しやすいよう、便器は袴部分の下がりが大きいものを選ぶ。

側方アプローチの例

片マヒの人
健側の手で手すりなどを持ち、健側の脚と手だけで体重を支えながらゆっくり座ります。

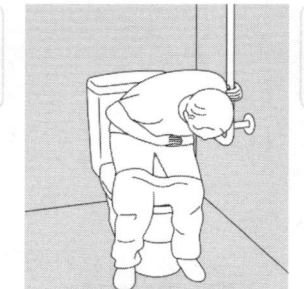

配慮ポイント
・強固に固定された手すりと、立ち座りに適した高さの便器を設置する。

杖（クラッチ）使用者
杖と両脚でバランスをとりながらゆっくり座ります。

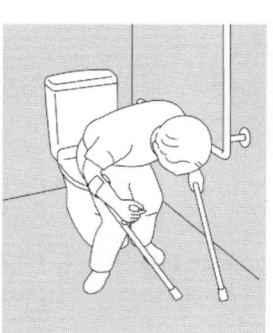

配慮ポイント
・立ち座りに適した高さの便器を設置する。
・杖を立て掛けておく場所を確保する。

※ここでご紹介している各行為は、あくまでも一例であり、身体状況・性別などにより個人差があります。

3.ベッドへの移乗

車いす使用者（自立）

車いすをベッドに密着させ、車いすのフレームとベッド上面を支えとして、ベッドへ移乗します。

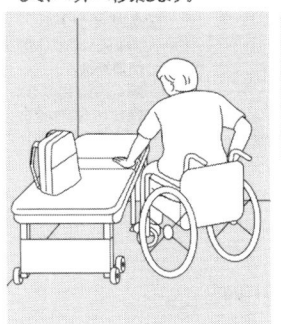

配慮ポイント
・車いすのアプローチに問題ないように、車いす座面とベッド上面が、同一レベルになるようにする。

車いす使用者（要介助）

車いすをベッドに近づけ、介助者が被介助者の正面または側面から抱きかかえベッドに移乗します。

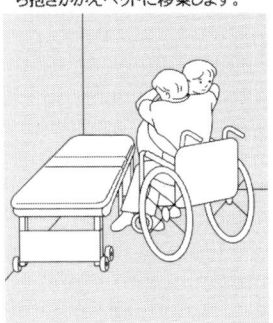

配慮ポイント
・介助者の動作域に支障がない空間確保と、移乗しやすい高さのベッドの設置が必要。

正面介助の例

4.衣服の着脱

片マヒの人

壁側の手すりなどにもたれかかり、姿勢保持した上でズボン・下着の着脱を行います。

配慮ポイント
・姿勢保持のための適切な位置への手すりの設置および、十分な手すりの前出が必要。

車いす使用者（要介助）

～便器使用時～
車いす上で衣服の着脱を行う人の例です。

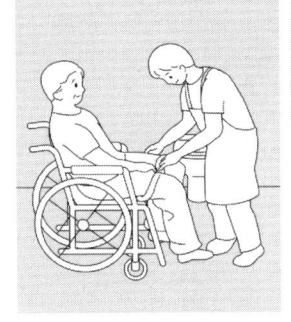

配慮ポイント
・介助する人の動線を確保した空間と、脱いだ着衣の置き場所（フック・棚など）を確保する。

～ベッド使用時～
ベッドを使って排泄する人は、ベッドに移乗し、あお向けの状態で衣服の着脱を行います。

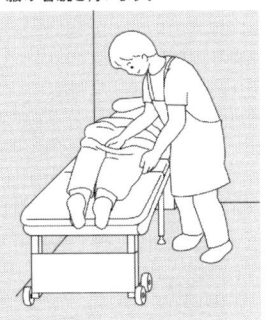

配慮ポイント
・介助する人の動作域を確保した空間と、着脱衣に十分なベッドの広さおよび介助動作の楽な、ベッドの高さを確保する。

資料編

209

主な10行為の実際と配慮ポイント

5.体の保持

片マヒの人
健側に体重をかけて、脚・臀部・背もたれで保持します。

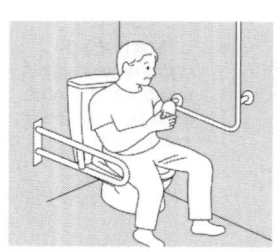

配慮ポイント
・安定した姿勢を保つためには、両脚が床に完全に付く高さの便器が必要。

車いす使用者（自立）
両サイドの手すり・背もたれと、両脚で保持します。

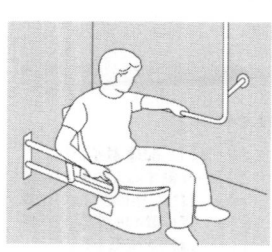

配慮ポイント
・両サイドの手すりは必ず設置する。
・背もたれを設置するのが望ましい。

車いす使用者（要介助）
両サイドの手すり・背もたれと、両脚で姿勢保持します。

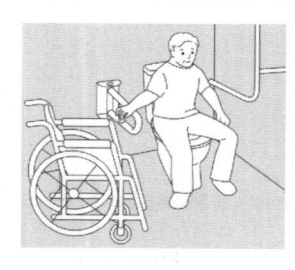

配慮ポイント
・両サイドの手すりは必ず設置する。
・背もたれを設置するのが望ましい。
・便器の高さは、確実に両脚が床に着いて安定する高さが望ましい。

6.自己導尿（便器での排泄）

車いす使用者（自立）

①補助具を出す
車いすを正面に付けて、姿勢を保持した上で補助具を出す。

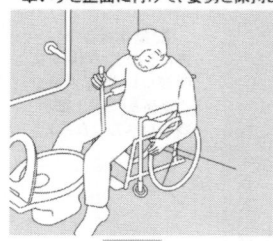

配慮ポイント
・車いすが接近しやすい袴形状の便器を選ぶ。
・荷物を置く（引っ掛ける）ための棚もしくはフックを設置する。

②排泄の準備
補助具を出して、排泄の準備をします。

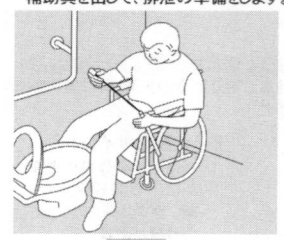

配慮ポイント
・補助具ケースを置く（引っ掛ける）棚もしくはフックを設置する。

③排泄
補助具の先端を便器ボール内まで出して排尿します。

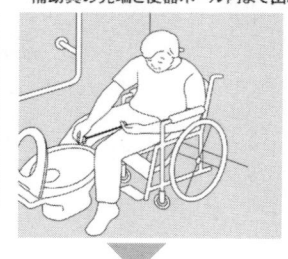

④片付け
排泄が終わったら補助具をケースにしまいます。

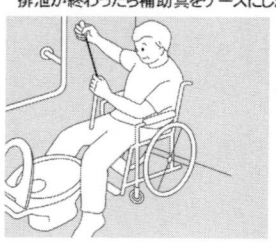

※ここでご紹介している各行為は、あくまでも一例であり、身体状況・性別などにより個人差があります。

7.自己導尿（ベッド上で容器に排泄）

車いす使用者（自立）

①脱衣
ベッドに移乗し、上半身を起こした状態で脱衣を行います。

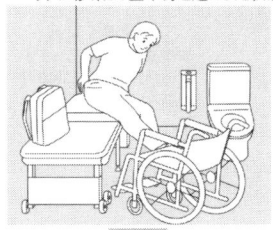

配慮ポイント
・左右片側ずつ脱衣するために、左右に手をついて、支えることのできるベッド広さが必要。

②排泄の準備
壁に寄りかかり、姿勢を安定させます。

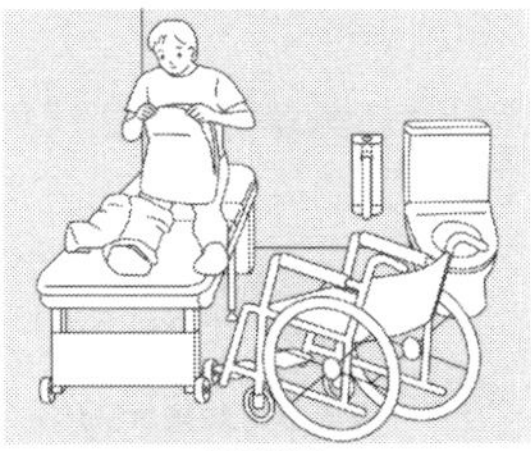

③排泄
補助具を装着し、容器に排泄します。

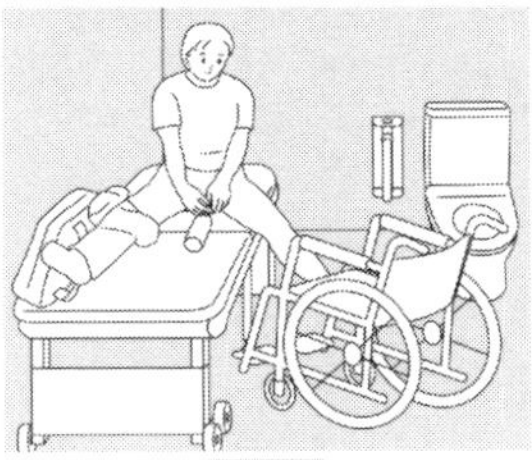

④着衣
全てが完了したら着衣をし、車いすに移乗した後、容器の尿を便器もしくは汚物流しに捨てます。

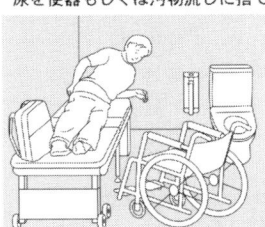

8.後始末

片マヒの人
健側の脚でふんばり、マヒした側の腕を手すりにもたれかけた姿勢を保ちながら、健側の手で拭きます。

配慮ポイント
・健側の脚のみで支えているので、足首が全面床に密着した状態が望ましい。

車いす使用者（自立）
片手で手すりを持って体を支えたうえで、脚を開き、間から拭きます。

配慮ポイント
・両サイドに手すりが必要。
・便器は前後に長めのものが望ましい。

車いす使用者（要介助）
介助者が被介助者の前に立ち、被介助者を片手で支えながら、もう片方の手で拭きます。

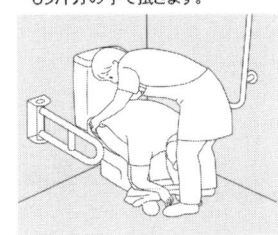

前方介助の例

車いす使用者（要介助）
被介助者を横向きに寝かせ、介助者が処理します。

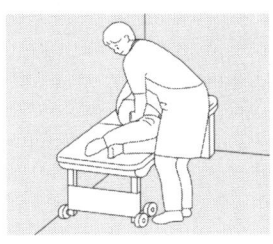

配慮ポイント
・介助者が介助しやすいベッドの大きさと高さを確保する。
・被介助者が安心して寝返りを打てるベッドの大きさと高さを確保する。
・万一ベッドが汚れても簡単に拭き取れる表面材を使用する。

資料編

主な10行為の実際と配慮ポイント

9.便器洗浄

片マヒの人
健側の脚と臀部でバランスを保ちながら、洗浄ボタンを操作します。

配慮ポイント
・足首が完全に床に付き、安定していること。
・洗浄ボタンが可動域にあること。

車いす使用者（自立）
使える方の手で、洗浄ボタンを押します。

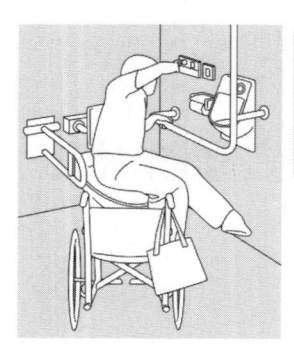

配慮ポイント
・可動域が狭くても操作しやすい位置への洗浄ボタンの設置。
・姿勢保持のため、両側に手すりが必要。

杖（松葉杖）使用者
スイッチ側に体をひねりスイッチを押します。

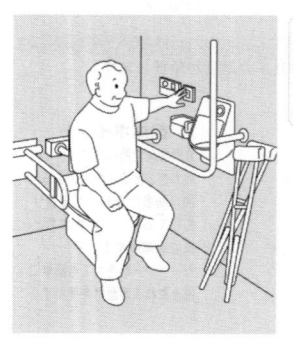

配慮ポイント
・楽な姿勢で操作ができる位置への洗浄ボタンの設置。

10.手洗い

片マヒの人
健側の脚で支え、健側の腰を洗面器に付け、安定した姿勢で手洗いをします。

配慮ポイント
・前傾姿勢を強いられず手洗い動作ができる洗面器の高さと水栓の高さが必要。

左マヒの例

車いす使用者（自立）
楽な姿勢での手洗いが前提となります。

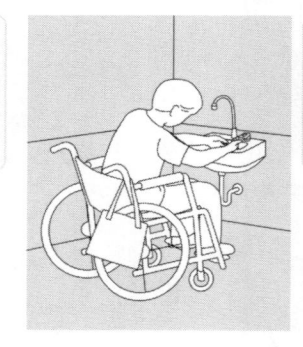

配慮ポイント
・洗面器に十分にアプローチできるようにする。
・洗面器の前縁から水栓までの距離をなるべく短くする。

※ここでご紹介している各行為は、あくまでも一例であり、身体状況・性別などにより個人差があります。

資料11　参考事例

　今後バリアフリー化に取り組んでいく自治体、交通事業者等に対して参考となるよう、具体的にトイレに関するバリアフリーの先進事例を集め、分かりやすく解説した。

●多機能トイレ全般●

JR四国・高松駅の多機能トイレ

- 車いす使用者、高齢者、妊産婦、乳幼児を連れた者等の使用に配慮した多機能トイレ
- 便座には便蓋を設けていない
- 手すりは冬期に冷たくない素材を使用
- 手すりは便器に沿った壁面側はL字型、もう一方は、車いすが便器と平行に寄りつけて移乗する場合を考慮し、十分な強度を持った上下可動式
- 可動式手すりの長さは、移乗の際に握りやすく、かつアプローチの邪魔にならないよう、便器先端と同程度
- 水洗スイッチは、便器に腰掛けたままの状態と、便器の回りで車いすから便器に移乗しない状態の双方から操作できるように設置されている
- ペーパーホルダーは片手で紙が切れるもので、便器に腰掛けたままの状態と、便器の回りで車いすから便器に移乗しない状態の双方から操作できるように設置されている
- ドアは軽い力で操作できる引き戸で、出入口には段差がない

りんかい線・天王洲アイル駅の多機能トイレ

- 車いすのフットレストが当たりにくい形状の便器
- 洗面器は車いすから便器へ前方、側方から移乗する際に支障とならない位置にある
- 鏡は車いすでも立位でも使用できるよう、低い位置から設置され十分な長さを持った平面鏡
- 手すりの高さは70cm、左右の間隔は75cm
- 非常用通報装置の位置は、便器に腰掛けた状態、車いすから便器に移乗しない状態、床に転倒した状態のいずれからも操作できるように設置されている
- 手荷物を置ける棚がある
- ドアは電動式引き戸

JR北海道札沼線（学園都市線）・新川駅の多機能トイレ

- 便座の両側に可動式手すりを設置
- 洗面器は車いすから便器へ前方、側方から移乗する際に支障とならない位置にある
- 洗面所には、低い位置から設置された大型平面鏡がある
- 折り畳み式の乳児用おむつ交換シートの他、写真には写っていないが、右側にベビーチェア、手すりのついた小便器がある

●大型ベッドのある多機能トイレ●

南海高野線・堺東駅の大型ベッドのある多機能トイレ

・重度障害者のおむつ替え用等のために、折りたたみ式の大型ベッドを設置した事例
・右奥には折りたたみ式の乳児用おむつ交換シートも設置

同上（出入り口）

・折りたたみ式の大型ベッドのある多機能トイレは、改札口横の利用しやすい場所にある

●オストメイト等に対応した多機能トイレ●

- オストメイト（人工肛門、人工膀胱造設者）のパウチやしびん等の洗浄ができる汚物流しを設置している
- オストメイトがペーパー等で腹部をぬぐう場合を考慮し、40度に保たれた温水が出る設備が設けられている

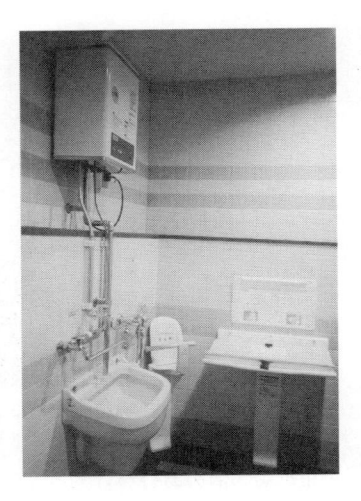

JR四国・高松駅の多機能トイレ内のオストメイトのパウチ等の温水洗浄装置

- 水洗装置では、パウチの洗浄や様々な汚れ物洗いができる
- 馬乗りに便器に移乗する場合に配慮して安全カバーが付いている

JR東日本総武線・新小岩駅に設置されたオストメイトのパウチ等の水洗装置

- パウチ、しびん洗浄ボタンを押すと水が出る

オストメイトのパウチ等の水洗装置（拡大）

●大便器●

・多機能トイレ以外の大便器にも、可動式手すりを設置した事例

りんかい線・天王洲アイル駅の可動式手すりのある大便器

●小便器●

・杖使用者等の肢体不自由者等が立位を保持できるように配慮した、手すりを設置した床置き式小便器
・入口に最も近い位置に設置している

埼玉高速鉄道線・浦和美園駅の小便器の手すり

●洗面器●

・洗面器は、車いすでの使用に配慮した高さで、手すりを設けたものも設置
・平面鏡が低い位置から設置されている

京都市営地下鉄東西線・京都市役所前駅のトイレ内洗面器

すべての人にやさしいトイレをめざして
「公共交通ターミナルにおける高齢者・障害者等の
移動円滑化ガイドライン検討委員会」トイレ研究会報告書

2002年2月20日　第1版第1刷発行

監　　修　　国土交通省総合政策局交通消費者行政課
編著・発行　　交通エコロジー・モビリティ財団
発　　売　　株式会社大成出版社
　　　　　　東京都世田谷区羽根木1－7－11
　　　　　　〒156-0042　電話（03）3321－4131（代）
　　　　　　http://www.taisei-shuppan.co.jp/

©2002　交通エコロジー・モビリティ財団　　　　印刷　信教印刷
落丁・乱丁はお取り替えいたします
ISBN4-8028-6430-2

標準案内用図記号の使いかたガイドブックが出版されました！［CD-ROM付］

監修：国土交通省総合政策局交通消費者行政課
発行：交通エコロジー・モビリティ財団

CD-ROM付
A4判変形
232頁
定価3,990円（本体3,800円）
図書コード6427
送料実費

このガイドブックは、一般案内用図記号検討委員会が策定した標準案内用図記号とその検討プロセスを紹介し、またサインシステムとしての使いかたについて解説したものです。

1　標準案内用図記号ガイドライン

2　標準化にいたるプロセス
　　2-1　図記号標準化の基本的な考えかた
　　2-2　カテゴリーの分類と策定項目
　　2-3　図材選定における検討事項
　　2-4　図記号原案の検証
　　2-5　図記号原案の改良
　　2-6　標準案内用図記号の理解度と視認性

3　サインシステムへの応用
　　3-1　サインシステム計画の基本的な考えかた
　　3-2　図記号の表示方法の原則
　　3-3　図記号の大きさ設定のめやす
　　3-4　図記号と文字の組み合わせ
　　3-5　サインの掲出位置の考えかた
　　3-6　サインシステムへの応用例

4　標準案内用図記号のデザイン
　　4-1　リデザインの監修と今後
　　4-2　造形者からのメッセージ
　　4-3　標準案内用図記号図版

発売：大成出版社

交通バリアフリー法の解説

わかりやすい

高齢者、身体障害者等の公共交通機関を利用した移動の円滑化の促進に関する法律の解説

監修／運輸省運輸政策局消費者行政課　建設省都市局都市政策課
　　　警察庁交通局交通企画課　　　　自治省大臣官房地域政策室
編著／交通バリアフリー政策研究会

B5判●230頁●定価2,625円（本体2,500円）●送料実費

● 交通バリアフリー関係者のための最適の1冊!!
● 交通バリアフリー法をQ&A117問で
　　　　　　　　　わかりやすく紹介!!

Q　法の目的・背景はどのようなものですか？

Q　本法の概要はどのようなものですか？

Q　交通のバリアフリー化を進める上で国、地方公共団体及び
　　公共交通事業者等はどのような役割を担っていますか？

Q　従来の施設整備ガイドラインに基づく指導助言では
　　不十分なのでしょうか？

Q　本法は規制法と考えられますが、規制緩和の時代に新たな
　　規制を課す法を制定することは妥当ですか？

Q　「移動円滑化」の内容はどのようなことですか？

(Q&Aから抜粋)

大成出版社　　http://www.taisei-shuppan.co.jp/

究極のバリアフリー駅をめざして
阪急伊丹駅における大震災から再建までの軌跡

監修──国土交通省総合政策局交通消費者行政課
編著・発行──交通エコロジー・モビリティ財団

- 参画したキーマンによる強力執筆陣!!
- 多角的視点が成功した秘密を明らかにする!!

アクセスコンサルタント／一級建築士
川内美彦

　大震災の廃墟から「参画」の駅づくりが立ち上がった。本書には、伊丹の利用者・事業者・行政が手を携えて挑んだ、安全・安心・快適な駅づくりへの全記録が描かれている。
　これからの駅づくりは利用者の声なくしては成り立たないが、このプロジェクトは、交通バリアフリー法が求める「参画」を先取りした具体例として、多くのヒントを与えてくれる。

大成出版社

〈定価変更の際はご了承下さい〉

●A5判 ●並製 ●カバー巻 ●260頁 ●定価2,310円(本体2,200円) ●図書コード 6428

ひとめでわかる最先端のバリアフリー！

オールカラー!!

写真で見る交通バリアフリー事例集
～人にやさしい交通機関の実現～

定価2,940円（本体2,800円）　B5判・120ページ・図書コード6431

[監　　　修◎**国土交通省総合政策局交通消費者行政課**
　編著・発行◎**交通エコロジー・モビリティ財団**
　発　　　売◎㈱**大成出版社**]

はじめにより抜粋

　本事例集は、今後バリアフリー化に取り組んでいく自治体、交通事業者等に対して参考となるよう、まちづくりと連携したターミナル整備からエレベーターやトイレといった個々の設備に至るまでバリアフリーに関する先進事例を集め、分かりやすく解説したものである。

　とりわけ、ターミナル整備に関しては、工夫した点、苦労した点、課題をまとめ、また、エレベーターやトイレといった個々の設備については、上記ガイドライン等の内容を踏まえた解説を加えるなど、市町村による基本構想策定、交通事業者によるバリアフリー化整備を効果的に進めていくことができるよう配慮を行った。

　したがって、市町村、交通事業者等においては、本事例集を活用しながら具体的な取り組みを進めていただくことが期待される。